W0265635

La
Fabrique
de l'industrie
laboratoire d'idées

Les Notes *de La Fabrique*

Aux sources de l'innovation de rupture

Qui cherche ? Qui innove ?

Vincent Charlet

En tête

Préface

En cet hiver 2025, l'Europe apparaît confrontée à ses propres choix dans un face-à-face vertigineux. Les perspectives de décarbonation compétitive de son économie restent très incertaines, tandis que le dérèglement climatique se confirme, plus rapide que dans les scénarios récemment tenus pour pessimistes, amenant avec lui un cortège de perturbations massives ou diffuses. Parallèlement, la compétitivité des industries européennes est elle-même remise en cause. Pour faire face à ces défis historiques, nous avons besoin de retrouver le chemin d'une croissance soutenue, d'un progrès technique vivace et d'une approche concertée entre les principales puissances économiques. Or, force est de constater qu'aucun de ces ingrédients indispensables n'est aujourd'hui au rendez-vous.

Le progrès technique se fait rare - ou plutôt lent - en Europe. Les gains de productivité n'y ont jamais été aussi faibles, obérant les perspectives de croissance. Sur ce plan, la France n'a toujours pas rattrapé le retard qu'elle accuse depuis la pandémie de Covid-19. Notre continent est en fait en cours de décrochage, comme l'a remarquablement exprimé le rapport Draghi, et ne pourra reprendre son destin en main qu'en redevenant la puissance scientifique et technologique qu'il était.

Plus qu'ailleurs, ce dessein est pour le moment contrarié en France par la fragilité persistante de notre industrie et la mauvaise santé des comptes publics, laquelle se double à présent d'une instabilité politique pénalisante. Cela n'aide pas notre pays à jouer pleinement son rôle dans les solidarités économiques et politiques dont l'Union a besoin entre ses États membres. Or il semble de plus en plus que cette Europe ne doive désormais compter que sur ses propres forces, tant les comportements de la Chine et des États-Unis se muent, de manière graduellement ouverte et décomplexée, en une rivalité économique et politique confinant maintenant à la prédation.

C'est dans ce contexte chahuté qu'il paraît indispensable de remettre à l'agenda politique une discussion large et approfondie sur la conduite des efforts nationaux et européens en matière de recherche et d'innovation. Dans une Note précédente, La Fabrique de l'industrie a montré de manière limpide que les pays européens avaient perdu la maîtrise technologique

sur les innovations de rupture, notamment sur celles qui seront nécessaires à la transition énergétique de nos économies. Le présent ouvrage prolonge ce diagnostic et vise à comprendre dans quelle mesure cette faiblesse s'étend aux sources scientifiques de ces innovations. Il est en effet courant d'entendre dire que les États européens disposent d'un appareil de recherche tout à fait performant, mais que celui-ci peine malheureusement à produire des résultats économiques à la hauteur des attentes dans les nouveaux marchés innovants. Cette publication révèle combien ce diagnostic a besoin d'être affiné.
Il semble en effet que les États européens souffrent bien davantage d'une double faiblesse, celle leur industrie insuffisamment orientée vers l'innovation et celle de leur appareil de recherche, plutôt que d'un lien inefficace ou d'un manque de passerelles entre les deux.

Cet ouvrage montre également que les principales puissances technologiques de la planète n'abordent pas le processus d'innovation de la même façon. Schématiquement, les États anglo-saxons font preuve d'une capacité impressionnante à déployer un effort de recherche propice à l'excellence, c'est-à-dire capable de produire en grand nombre des découvertes (ici, des articles scientifiques) à fort impact. De l'autre côté, le Japon et la Corée affichent un talent remarquable pour monter en puissance au fur et à mesure que l'on passe de la recherche à l'innovation, augmentant à chaque étape leurs parts de marché. La Chine, pour l'instant, accomplit de grands efforts en matière de recherche, mais qui peinent encore à inspirer les déposants de brevets, qu'ils soient chinois ou étrangers. Au milieu de ces puissances technologiques volontaristes, les États européens apparaissent affaiblis sur toute la chaîne, depuis la recherche jusqu'à la commercialisation des innovations.

Un des résultats importants de cette Note est de constater que la connaissance circule amplement dans le monde, entre les laboratoires de recherche et les déposants de brevets. Cela suggère que l'on puisse aborder séparément la question du renforcement de l'effort de recherche et celle de la consolidation de l'effort d'innovation. Sur ce point, il est souvent et hâtivement énoncé que, si la France n'a pas atteint l'objectif dit « de Lisbonne » de porter à 3 % du PIB son effort national de R&D, c'est à cause d'un sous-investissement privé en la matière. Le dynamisme des entreprises qui, chacune sur son secteur, réalisent des investissements très significatifs en R&D - le crédit d'impôt recherche n'y est pas pour rien - n'est pas en cause ici : la France est en réalité pénalisée par la taille modeste de son industrie et par le poids comparativement faible qu'y représentent les secteurs intensifs en connaissance. Ce n'est donc pas en faisant la leçon aux entreprises existantes que l'on parviendra à accroître l'effort privé de R&D, mais bien en réfléchissant aux moyens d'accélérer le développement des activités productives dans les domaines des technologies dites « de rupture ».

D'un autre côté, cette Note établit clairement que l'effort public de recherche est devenu insuffisant en France (d'autant plus que l'effort privé est limité pour les raisons que l'on vient d'évoquer) : insuffisant en volume, assurément, et peut-être aussi insuffisamment ciblé sur les équipes et laboratoires capables de produire des résultats à fort impact.

Ce n'est pas succomber à un lieu commun que d'affirmer qu'il y a une relative urgence à réagir. Non seulement, à défaut d'une intervention résolue, notre économie continuera tendanciellement à faire une part toujours plus belle à des activités tertiaires et résidentielles porteuses de faibles gains de productivité et donc de maigres perspectives de croissance, mais il nous faut surtout envisager sérieusement un probable avenir proche dans lequel notre dépendance technologique à l'égard des États extra-européens se paierait désormais au prix fort.

Pierre-André de Chalendar et Louis Gallois
Coprésidents de La Fabrique de l'industrie

Merci

L'auteur **remercie**

Cet ouvrage est le deuxième publié en deux ans par La Fabrique de l'industrie sur l'avènement des innovations de rupture. Il exploite une réflexion et un corpus de données qui doivent beaucoup aux travaux initiaux de Sonia Bellit, jusqu'à son départ de notre équipe. Qu'elle en soit ici vivement remerciée.

Il repose en particulier sur le traitement statistique et le croisement d'un grand nombre de tableaux de données, pour lesquels toute l'équipe de La Fabrique a fourni une aide et un apport précieux, depuis le choix des méthodes statistiques jusqu'à la présentation finale des résultats. La clarté des résultats qui suivent leur doit beaucoup, et tout ce qui demeurerait obscur ou erroné est à imputer à l'auteur.

De nombreux relecteurs externes ont en outre accepté de donner de leur temps pour que les premières versions du manuscrit soient progressivement améliorées, jusqu'à parvenir au texte définitif. Je tiens à leur exprimer ici ma gratitude pour cette aide intelligente et généreuse.

Pour finir, ce travail se fonde sur l'interprétation de données structurées, extraites et rendues lisibles par l'Observatoire des sciences et des techniques. Rien de tout ce qui suit n'aurait pu voir le jour sans l'implication intéressée et exigeante de son équipe et de sa direction, et en tout premier lieu sans l'obstination pionnière d'Egidio Luis Miotti, à la mémoire de qui cet ouvrage est dédié.

Pour résumer

Synthèse

CET OUVRAGE prolonge une précédente étude de La Fabrique de l'industrie dans laquelle la France et ses partenaires européens apparaissent en situation de décrochage technologique sur un ensemble d'innovations de rupture, nécessaires aux transitions numérique et énergétique de nos économies. On remonte dans ce document aux sources scientifiques de ces innovations, afin d'alimenter la réflexion sur les meilleurs moyens de remédier à cette situation.

La représentation commune selon laquelle la recherche alimente l'innovation a résisté aux controverses de l'après-guerre froide et ressort toujours aujourd'hui comme empiriquement robuste. La route qui mène des articles scientifiques aux brevets est certes longue et indirecte, mais elle intègre pas à pas, c'est-à-dire de citation en citation, 80 % de ceux-ci et 60 % de ceux-là. Le point de jonction entre les deux ensembles, constitué par les citations des articles par les brevets, concerne approximativement un dixième des articles et autant des brevets. C'est donc un passage relativement étroit entre deux vastes mondes, tel le goulet entre les deux sphères du sablier ou un col reliant deux vallées.

13% des brevets

citent des articles P. 38

Mais tout change lorsqu'on en vient à parler des brevets de rupture, qui portent par définition sur des technologies capables de transformer le cours des activités économiques. Très peu nombreux au regard de la somme des brevets déposés chaque année, ils s'en distinguent par leur propension à se référer directement à des articles scientifiques et plus encore à des articles à fort impact académique. À l'intérieur de cet ensemble, on observe des variations importantes d'une technologie à l'autre : certaines sont très étroitement connectées à la science, d'autres moins. Les premières apparaissent comme

Des variations
selon les technologies P. 44

le terrain de jeu privilégié des déposants américains, quand les déposants asiatiques sont surtout prépondérants dans les technologies faisant l'objet d'un grand nombre de brevets déposés par des entreprises – l'Europe étant plutôt reléguée aux technologies n'ayant ni la première ni la seconde caractéristique.

En étudiant les parts mondiales des principaux pays aux étapes successives du processus d'innovation, on met en lumière leurs différentes manières d'y participer. Le Japon et la Corée, premièrement, s'appuient sur une base scientifique nationale relativement limitée, mais ne cessent d'accroître leur poids mondial à mesure que l'on s'achemine vers les marchés en aval, jusqu'au dépôt des brevets de rupture. Inversement, les États-Unis, qui partent d'une base scientifique substantielle mais en réalité peu orientée vers le noyau des technologies, sont capables de produire des publications scientifiques d'une telle qualité ou d'une telle attractivité qu'elles font figure de références incontournables pour les déposants de brevets (37 % de part mondiale en moyenne). Ils cèdent ensuite un peu de terrain mais restent parmi les leaders en aval du processus, dans les phases de dépôt de brevet. Les pays européens ont la même particularité : leur part mondiale est plus élevée s'agissant des publications citées par les brevets que pour la production académique en général, même si ces parts sont nettement plus modestes que celles des États-Unis. En outre, le Royaume-Uni et la France interviennent nettement moins dans l'aval du processus, de sorte que leur part mondiale dans les brevets de rupture peut sembler décevante. La Chine, enfin, fournit un effort de recherche intense dans les domaines scientifiques du noyau des technologies, mais celui-ci ne se traduit pas encore en matière d'innovation, que l'on en juge par la quantité de brevets qu'elle dépose et plus encore par la quantité d'articles chinois cités par les brevets mondiaux, toutes deux en retrait.

Le Japon se renforce tout
au long **du processus d'innovation** P. 63

Une science américaine
incontournable. P. 66

Les phases amont et aval du processus d'innovation peuvent donc être étudiées séparément, et semblent même relativement déconnectées dans certains pays occidentaux. Cela tient à ce que les connaissances circulent abondamment et très librement entre auteurs de publications scientifiques et déposants de brevets. À l'exception des États-Unis, chaque pays alimente par son effort de recherche bien plus de brevets de rupture étrangers que de brevets déposés par des entreprises locales, tout comme ses propres déposants de brevets s'inspirent davantage d'articles étrangers que d'articles nationaux. Il convient alors de se départir de l'idée qu'il existerait des pays « naïfs » offrant généreusement leur science aux industries du monde entier, pendant que d'autres, « prédateurs », sauraient s'en protéger tout en captant les fruits de la recherche internationale au profit de leur industrie. Il y a surtout des petits et des grands pays : les premiers sont encore plus ouverts aux échanges, entrants et sortants, que les seconds. Cette ouverture n'est pas nécessairement un jeu perdant et peut au contraire se trouver récompensée, sous condition d'excellence : plus un pays publie un grand nombre de publications scientifiques qui seront repris par des brevets, plus la part utile à « son » industrie augmente. Toutefois, c'est la proactivité des déposants de brevets à aller chercher la meilleure science là où elle est qui permet aux grands pays d'asseoir leur leadership technologique. En effet, une fois normalisés, le « retour sur investissement » de l'effort national de recherche au profit de l'industrie domestique tout comme la « préférence nationale » d'une industrie pour sa recherche domestique ne sont vraiment élevés que pour les plus modestes contributeurs à l'effort mondial d'innovation. *A contrario*, les États-Unis sont certes les premiers pourvoyeurs de « science brevetable » au reste du monde, mais ils en importent deux à trois fois plus encore. Cet effort propre des déposants américains d'aller chercher à l'étranger les apports scientifiques dont ils ont besoin les distingue assez radicalement de leurs compétiteurs. Les petits pays qui pourraient paraître protégés ou « chauvins » sont en réalité exportateurs nets de science brevetable.

Les petits pays sont **exportateurs de science** P. 83

Le positionnement des pays au palmarès mondial des technologies de rupture est avant tout corrélé à l'effort technologique de leur tissu productif, lui-même découlant du volume de leur activité industrielle et de son caractère intensif - ou pas - en technologie. Il est également lié à l'ampleur de leur effort national en matière de recherche et au niveau d'excellence de ce dernier, c'est-à-dire à leur propension à publier des articles scientifiques à très fort impact. Les pays anglo-saxons se distinguent notablement sur ce second plan, même si le Japon et la Corée ne sont pas en reste. Ces deux puissances asiatiques, en revanche, bénéficient d'un atout décisif et distinctif sur le premier plan, d'autant mieux que leurs efforts public et privé de R&D y apparaissent mieux alignés qu'ailleurs. La France est en retrait sur l'ensemble de ces critères. Notre pays ne souffre donc pas tant d'un lien inefficace entre sa recherche et son industrie, comme le postule la thèse bien connue du « paradoxe », mais plutôt d'une recherche et d'une industrie chacune trop fragilisée. Voilà deux sujets liés mais qui peuvent être résolus séparément, si l'on en croit la comparaison avec les autres pays.

Pas de paradoxe
français ni européen P. 113

En jeu

Introduction

DANS UNE NOTE PRÉCÉDENTE (Bellit et Charlet, 2023), La Fabrique de l'industrie a observé le décrochage de l'Union européenne dans plusieurs technologies de rupture importantes pour les transitions énergétique et numérique de nos économies[1]. Le présent ouvrage approfondit cette analyse en l'étendant aux sources scientifiques des technologies, afin d'alimenter la réflexion sur les moyens de remédier à cette situation.

Notre première étude repose sur une analyse statistique de brevets, relatifs à un échantillon de douze technologies[2]. Se dégage de ces données le constat d'un retard européen important vis-à-vis de ce que l'on pourrait appeler les quatre grandes puissances technologiques de la planète en 2024 : les États-Unis, la Chine, le Japon et la Corée du Sud. Hormis l'Allemagne, les pays européens apparaissent rarement parmi les quatre premiers déposants mondiaux dans ces technologies. La France n'y figure qu'une fois, quand ces « Big Four » représentent toujours à eux quatre au moins la moitié des brevets déposés dans le monde et parfois jusqu'aux trois quarts. Certes, on obtient des résultats plus encourageants en considérant l'Union européenne comme un tout : elle occupe très souvent la première ou la deuxième place du podium. Mais l'UE n'atteint presque jamais le seuil de la moitié des brevets mondiaux, contrairement aux États-Unis qui conservent une large avance dans les domaines de l'ordinateur quantique et de l'ARN messager. En outre, cette position européenne tient principalement à l'Allemagne ; la France ne joue là qu'un rôle mineur, alors que la Corée ou le Japon font parfois jeu égal avec l'Union tout entière.

1— Sont considérées ici comme « innovations de rupture » les activités qui relèvent à la fois d'une performance technologique, y compris lorsqu'elle est incrémentale, et d'un usage radicalement nouveau sur le marché : c'est par exemple le cas des batteries pour véhicules électriques ou des éoliennes en mer, mais pas de l'invention de Facebook ou de Doctolib.

2— Ces technologies ont été identifiées à partir de documents stratégiques et d'auditions d'experts. Il s'agit de l'usage de l'hydrogène dans les transports, des batteries pour véhicules électriques, du photovoltaïque, des éoliennes en mer, du recyclage des métaux stratégiques, des carburants durables pour le secteur aérien, de la nanoélectronique, de la spintronique, de l'ordinateur quantique, de l'ARN messager, de l'acier bas carbone et du recyclage biologique des plastiques. Dans l'ouvrage précédent tout comme dans celui-ci, on tient compte uniquement des brevets déposés dans au moins deux offices nationaux (ou auprès de l'OEB ou de l'Ompi), autrement dit ceux qui ont une portée inventive reconnue et ne se limitent pas à un rôle purement défensif.

Ce décrochage technologique français et européen est corroboré par d'autres travaux contemporains, à commencer par le rapport Draghi, remis en septembre 2024 à la présidente de la Commission européenne (Draghi, 2024). L'auteur y pointe le retard de l'Europe en matière d'innovation, par comparaison avec la Chine et les États-Unis, dans plusieurs activités numériques. À cela s'ajoute le fait que, dans le domaine des *cleantech* où l'UE pourrait disposer d'une certaine avance, elle se trouve affaiblie en aval de la chaîne de valeur par la fragilité de son industrie et ses dépendances externes en matière d'approvisionnement[3]. Ce handicap en matière d'innovation constitue, pour l'ancien président de la Banque centrale européenne, une des principales explications au retard pris par l'UE face aux États-Unis en matière de productivité[4].

D'autres contributions, chacune avec sa méthodologie propre, convergent vers ce constat que l'on peut alors considérer comme établi. Ainsi par exemple, Bergeaud (2024) relève que l'UE mène un effort soutenu d'innovation dans les *middle tech* (transports, production d'énergie, mobilité décarbonée), mais qu'elle est au contraire très effacée dans l'ensemble des technologies numériques, à la source du sursaut de productivité constaté aux États-Unis, et dans les technologies génétiques[5]. Evans (2024) dresse un constat analogue dans le champ du numérique : il rappelle que l'UE n'a donné naissance qu'à 5 des 69 entreprises de la tech ayant franchi le cap des 10 milliards de dollars de capitalisation boursière et qu'elles en représentent de surcroît moins de 1 % du chiffre d'affaires. Patricia Nouveau (2022) voit tout à la fois dans ce retard européen le signe de l'échec des politiques d'innovation communautaires, qui n'ont jamais réussi à surmonter les rivalités entre États membres, et la source d'une dépendance économique et numérique croissante à l'égard des États-Unis et de la Chine. L'Australian Strategic Policy Institute va plus loin et entend sonner l'alarme, en observant que la Chine est désormais leader

3— Voir notamment le graphique page 36 (partie A du rapport). Les technologies étudiées sont l'Internet des objets, l'intelligence artificielle, la cryptographie, la cybersécurité, le cloud, l'ordinateur quantique, l'hydroélectricité, la géothermie, le nucléaire, l'énergie solaire, les batteries, les biocarburants, l'énergie éolienne, l'hydrogène et les transports décarbonés.

4— Sur ce sujet, voir aussi (Desjeux, 2024).

5— Bergeaud analyse les dépôts de brevets dans les domaines technologiques suivants : impression 3D, blockchain, reconnaissance visuelle, manipulation du génome, stockage de l'hydrogène et véhicule autonome.

mondial sur 37 technologies clés parmi les 44 étudiées dans son rapport (Gaida *et al.*, 2023) et qu'il n'en « reste donc que 7 qui soient dominées par un pays démocratique (en l'occurrence les États-Unis) »[6].

Evans (*op. cit.*) souligne au passage, avec raison, que ce handicap européen est connu et documenté de longue date, en particulier par la Commission qui a proposé au fil des ans diverses politiques publiques pour y remédier. En témoigne cet article de Smith (1986) qui constate en des termes très semblables à ceux d'aujourd'hui la difficulté - déjà ancienne à cette date - des économies européennes à sortir d'un schéma de rattrapage et à faire jeu égal avec les États-Unis et le Japon pour ce qui concernait les « nouvelles technologies » d'alors (technologies de l'information et armement de pointe).

En particulier, cette réflexion pluridécennale s'est cristallisée autour de l'idée d'un « paradoxe européen »[7]. On désigne par cette expression l'hypothèse selon laquelle la difficulté atavique de l'Europe à accoucher de champions mondiaux dans les nouvelles technologies serait d'autant plus contre-intuitive qu'elle hébergerait dans le même temps des scientifiques parmi les meilleurs du monde. Si l'Europe tient son rang en matière de recherche et qu'elle marque le pas dès qu'il s'agit d'en convertir les résultats en marchés solvables et en entreprises compétitives, c'est bien le signe d'une faiblesse particulière, d'une « fuite » en quelque sorte, qui laisse en outre le champ libre aux entreprises extra-européennes pour exploiter les découvertes issues de nos laboratoires. Si cette hypothèse est vérifiée, ce qui ne peut se faire qu'à l'issue d'un travail de longue haleine[8], alors le remède est à rechercher en direction d'une jonction renforcée, plus fluide et plus efficace, entre le monde de la recherche et celui de l'innovation.

6— La méthodologie employée dans le rapport de l'Aspi donne un poids très prépondérant aux publications scientifiques fréquemment citées par d'autres publications. La suite du présent ouvrage confirmera que, mesurée à cette aune, la position chinoise apparaît en effet bien meilleure que dans les décomptes de brevets de rupture par exemple. Ce parti pris méthodologique comporte par nature un biais favorable aux pays de grande taille et aux proximités linguistiques.

7— Selon Soete (2002), les Britanniques ont diagnostiqué un *British research paradox* dès les années 1960. Celui-ci a fait l'objet d'innombrables articles dans les années 1980, avant d'être généralisé à l'Europe entière au début des années 1990.

8— Tijssen et van Wijk (1999) en proposent par exemple une démonstration bibliométrique dans le champ des technologies de l'information. Voir aussi Radicic et Pugh (2017), ou Dedrick et Kraemer (2015).

Ce postulat d'un paradoxe européen est au fondement de bien des politiques publiques lancées depuis quarante ans au niveau communautaire comme au sein des États membres (Commission européenne, 1995). Pour ce qui est de l'Europe, cela remonte au moins au lancement du programme Eurêka en 1984 - en réaction à l'offre américaine perçue comme comminatoire d'être associée, en tant que fournisseur subalterne, à la Strategic Defense Initiative du président Reagan (Karsenty, 2006). Mais c'est tout aussi vrai de la mise sur pied de l'Agenda de Lisbonne en 2000[9], en passant par la création des programmes Esprit, Brite, Euram... qui céderont la place aux programmes-cadres et maintenant à Horizon. En France, on peut citer la création en 1981 des Cifre (des bourses de doctorants en entreprise dont le salaire est cofinancé par l'État), la promulgation de la loi Allègre[10] (qui facilite la mobilité des chercheurs et notamment la création de spin-off), le supplément de crédit impôt recherche encourageant les entreprises à recourir à la recherche publique, le lancement des Satt[11] en 2007 puis des PUI[12] en 2023, tous deux destinés à encourager le transfert technologique depuis les laboratoires de recherche...

Tous ces programmes, toutes ces « passerelles » imaginées et empilées depuis bientôt un demi-siècle n'ont eu de cesse de tenter de faciliter l'essaimage des résultats scientifiques, afin que puissent éclore des produits innovants, des secteurs d'avenir et naturellement des « Google français »[13]. Le diagnostic sous-jacent à ces propositions est toujours le même : le capitalisme et le management européens, réputés plus rigides que leurs équivalents américains (face à l'échec, face à la mobilité individuelle, face à la concurrence et à l'entrepreneuriat, face au public ou au privé selon le point de vue qu'on adopte,

9— Lire à ce propos Carcostas et Muldur (1998) et Blanpied (1998).

10— En 1999, la loi Allègre donne la possibilité aux universités et aux chercheurs de créer une start-up et de déposer des brevets.

11— Les treize sociétés d'accélération du transfert de technologies ont été créées en 2012, dans le cadre du Programme des investissements d'avenir.

12— Le plan France 2030 prévoyait la mise en place d'environ vingt-cinq pôles universitaires d'innovation (PUI), pour un montant total de 166 millions d'euros. *« En s'appuyant pleinement sur la mission d'innovation des établissements publics de l'enseignement supérieur et de la recherche, les PUI doivent permettre le réflexe de l'innovation derrière chaque découverte scientifique, d'encourager la prise de risque et de générer davantage de projets innovants issus de la recherche publique, au profit de la société et de l'économie. »* (extrait du communiqué de presse du 11 juillet 2023).

13— Pour des prises de parole publiques sur cet objectif récurrent, voir par exemple Néri (2018) et, plus encore, la tribune collective « Un Google français n'est pas qu'une utopie », de Barba *et al.* (2008).

face au progrès en tant que tel...), obèrent depuis toujours la prise de risque ainsi que la circulation des idées et des personnes entre le monde de la recherche et celui de l'entreprise, que celle-ci soit une startup ou une grande industrie. En clair, toujours selon cette thèse, si l'Europe n'a vu naître ni Google, ni Tesla, ni la Silicon Valley, c'est à cause d'un chaînon manquant - qu'il soit d'origine culturelle, capitalistique ou institutionnelle - entre une science par ailleurs excellente et une industrie par ailleurs solide sur ses appuis, maillon qu'il est donc urgent de réparer.

Pourtant, cette idée d'un paradoxe européen a reçu plusieurs réfutations. Dès 2006, Dosi *et al.* pointent que l'Europe souffre à la fois d'une science affaiblie et d'une industrie fragile, et non d'un lien inefficace entre les deux. À peine plus tard, Conti et Gaulé (2010) puis Herranz et Ruiz-Castillo (2013) soulignent que l'UE produit certes un peu plus d'articles scientifiques que les États-Unis mais que, si l'on se penche sur les seuls articles ayant un fort impact, alors « la domination américaine est totale »[14]. Quelques années plus tard, Rodríguez-Navarro et Narin (2018) enfoncent le clou et martèlent : *« L'Europe est loin derrière les États-Unis en matière de production de recherche importante et très citée. [Il] y a un affaiblissement constant de la science européenne à mesure que l'on monte sur l'échelle des citations, [...] tandis que les États-Unis sont au moins deux fois plus efficaces dans la production d'articles très cités et le recueil de prix Nobel. Ce n'est que dans les domaines hautement multinationaux et collaboratifs de la physique et de la médecine clinique que l'UE semble s'approcher des États-Unis. »*

Ces travaux n'ont pas suffi à clore la discussion sur un « paradoxe européen », périodiquement relancée par d'autres constats qui viennent l'accréditer, et même la renouveler. Bergeaud *(op. cit.)* relève notamment que les brevets de rupture qu'il étudie, quoique principalement déposés par des titulaires

14— L'intérêt du travail de Conti et Gaulé est de montrer que, toutes choses égales par ailleurs, l'Europe est à la traîne en matière de licences universitaires vendues. Dit autrement, si l'Europe avait le même niveau d'excellence scientifique que les États-Unis, elle n'en resterait pas moins sous-performante sur le plan de la valorisation des résultats de la recherche. Les auteurs attribuent en partie ce retard au plus faible nombre et à la moindre expérience des personnes chargées du transfert de technologies dans les universités européennes, par rapport à leurs homologues américains. Ils ne réfutent donc pas totalement la thèse d'un maillon inefficace entre recherche et innovation.

extra-européens, citent des articles scientifiques provenant à 30 % voire 40 % d'auteurs établis dans des universités européennes. Bellit et Charlet (*op. cit.*) remarquent quant à eux que la France détient en général le sixième, voire le huitième rang mondial dans les dépôts de brevets de rupture, mais qu'elle se situerait au troisième rang mondial en se limitant aux brevets déposés par des organismes publics de recherche. De quoi suspecter à nouveau que les laboratoires et les entreprises de notre Vieux Continent ne collaborent pas suffisamment entre eux pour exploiter conjointement des résultats scientifiques par ailleurs de grande qualité, dont les entreprises extra-européennes tireraient opportunément profit.

Le but de cet ouvrage est d'alimenter cette réflexion en étudiant les citations académiques de brevets, c'est-à-dire ces liens établis chaque fois qu'un article scientifique est cité par un déposant de brevet à l'appui de sa demande de protection. Chacun de ces liens de citation est considéré comme le témoignage d'un legs intellectuel dont le déposant se reconnaît redevable envers le ou les auteurs des articles cités (Narin, 1994). Puisque l'on peut retracer l'adresse du déposant de chaque brevet et l'affiliation de l'auteur de chaque article, ces citations de brevets devraient nous aider à y voir plus clair : la recherche européenne publie-t-elle des articles scientifiques en qualité et quantité suffisantes pour alimenter les déposants européens de brevets de rupture ? Et qu'en est-il des chercheurs et des déposants du reste du monde ? Ces questions sont au cœur de cet ouvrage.

Son objet est naturellement d'éclairer les politiques publiques. Fondamentalement, le fait que cette controverse soit encore vive illustre notre ignorance persistante à comprendre comment la science féconde l'innovation : par quels chemins, avec quels outils, sur quelles échelles et grâce à quelles personnes ? Partant, on ne sait pas non plus avec quelles politiques publiques favoriser efficacement les retombées économiques et industrielles de la science.

Trois questions au moins sont structurantes dans ce débat. D'abord, la question de savoir si l'innovation est plutôt *science-pushed* ou *demand-pulled* est toujours d'actualité. Selon les tenants de la thèse du « paradoxe européen », notre problème réside justement à mi-chemin entre offre et demande, dans la faiblesse du lien entre recherche et industrie[15]. Pour le corriger, il faut donc renforcer les politiques facilitant l'essaimage (la création d'entreprise par des chercheurs), le transfert technologique (le dépôt de brevets ou l'octroi de licences aux entreprises à partir des résultats des laboratoires), les collaborations public-privé en recherche, les carrières mixtes, ou encore l'atteinte de grands objectifs socioéconomiques. Mais, comme nous l'avons vu, d'autres affirment au contraire qu'il n'existe pas de paradoxe européen ou en tout cas que la première des urgences est de renforcer le financement compétitif d'une recherche au meilleur niveau, pas uniquement dans l'espoir de gagner des places au classement de Shanghai, mais bien parce que meilleure est la recherche, plus ses impacts économiques sont importants. Nagar *et al.* (2024) en font par exemple la démonstration concernant la recherche financée par le Conseil européen de la recherche (ERC). Jonkers et Sachwald (2018) confirment également ce double dividende de l'excellence scientifique. Pour finir, on peut également croiser des industriels affirmant de manière convaincante que le principal obstacle à lever se situe sur le terrain, dans les industries. Selon eux, pour que les innovations de rupture puissent rencontrer leur marché, il manque surtout à l'Europe des industriels capables de les commercialiser, c'est-à-dire déjà compétitifs et dotés d'une « force de frappe » : sites de production performants, compétences au meilleur niveau, réseaux de sous-traitants, partenaires logistiques... Cette troisième hypothèse n'est certes pas exclusive de la précédente ; mais, comme on le voit, chacun a sa vision du bât qui blesse, depuis les niveaux de maturité technologique les plus bas jusqu'aux plus élevés.

Ce débat se double d'un autre pour savoir à quel point il importe de parier sur les interactions locales pour améliorer le lien entre recherche et innovation (par exemple par l'intermédiaire des pôles de compétitivité, des Satt ou des clusters) ou si les politiques publiques en ce domaine doivent, au contraire, être détachées des logiques territoriales (comme c'est le cas pour certains instituts Carnot, les Piiec,

15— Outre les références déjà citées en note 7, voir Santoprete et Berni (2010) ou encore Conti et Gaule (2011).

des agences type Arpa...). Là encore, les avis s'accumulent, depuis la conceptualisation moderne des économies d'agglomération par Krugman (1991) puis Porter (1996) d'un côté et, de l'autre, l'ouverture par Chesbrough (2011) d'une réflexion intense sur les mécanismes d'innovation ouverte et les meilleures manières d'en tirer profit en les organisant d'un bout à l'autre de la planète. Mais la controverse reste ouverte et les réponses scientifiques varient d'un territoire à l'autre ou d'un secteur à l'autre[16]. Niosi et Zhegu (2010) réfutent par exemple le caractère essentiellement local des externalités de connaissance pour les clusters mondiaux du secteur aéronautique. Globerman *et al.* (2005) montrent de leur côté que la portée géographique de ces externalités varie d'un cluster à l'autre, même au sein d'un même secteur (les activités numériques) et d'un même pays (le Canada).

Last but not least, la réplicabilité des exemples étrangers est elle-même mise en doute, puisque deux grands schémas explicatifs sont alternativement mobilisés pour éclairer ces débats : celui de la performance des pays, qui met l'accent sur l'efficacité des politiques publiques souvent réputées réplicables, et celui des régimes technologiques, qui veut que l'innovation se déploie dans des formats divers répondant eux-mêmes aux caractéristiques intrinsèques des secteurs et technologies concernés (Dosi *et al.*, 1994 ; Dosi et Nelson, 2010). Dans ce dernier cas, on pourra typiquement s'entendre dire qu'il est inutile de jalouser la performance de la tech américaine si l'Europe met avant tout ses efforts technologiques au profit de la décarbonation de ses industries, les start-up n'étant peut-être pas le meilleur vecteur pour accélérer l'innovation dans ce domaine. Nelson (2016) va jusqu'à affirmer que nous persistons à vouloir comprendre et mesurer toutes les formes de progrès technique au travers du prisme uniformisant de la physique, newtonienne et post-newtonienne, ce qui nous éloigne à la fois du discernement scientifique et de l'efficacité politique (Whitley, 2016).

Les chapitres qui suivent apportent donc des éclairages successifs, venant répondre à ces questions. Où et comment la science devient-elle brevet ? Qui publie et qui brevette ?

16— Voir Wolfe et Gertler (2004), Fritsch et Franke (2004), Audretsch et Feldman (2004).

Quel rôle jouent les effets de proximité géographique ? Et observe-t-on plutôt des variations de performance par pays ou par domaine ? Le premier chapitre revient sur un demi-siècle d'analyses controversées du rôle joué par la science dans le processus d'innovation, et révèle pourquoi les citations académiques de brevets sont toujours un outil de mesure pertinent à cet égard. Le deuxième chapitre propose une première description « à plat » des cent mille brevets de rupture de notre échantillon et des cent mille articles scientifiques auxquels ils se réfèrent, illustrant combien les technologies de rupture se distinguent des technologies « ordinaires », mais aussi combien elles diffèrent entre elles. Le troisième chapitre montre que les principaux pays contributeurs à l'effort mondial de recherche et d'innovation n'interviennent pas avec la même efficacité aux différents stades du processus, depuis la production de connaissances scientifiques jusqu'à leur valorisation sous forme de brevets de rupture. Le quatrième chapitre analyse les flux de citations entre pays et expose à quel point la connaissance circule librement entre auteurs d'articles et déposants de brevets. Le cinquième chapitre tente d'identifier les moteurs principaux de l'effort d'innovation par pays et par technologie, pour esquisser des moyens possibles d'améliorer la performance des États européens. Le lecteur trouvera dans les annexes, dont le lien d'accès est rappelé ci-dessous, les données sources et les traitements statistiques utilisés pour cette analyse.

Note au lecteur : cet ouvrage repose sur le traitement d'une grande quantité de données, qu'il n'aurait pas été possible de reproduire sans alourdir la lecture de façon dommageable. Le lecteur peut s'y référer en consultant les annexes accessibles par ce QR Code. Toutes les annexes dénommées par des lettres et tous les tableaux ou graphiques labellisés par une lettre et deux chiffres (tableau X-00, graphique X-00...) peuvent être consultés dans ce fichier.

1

Chapitre

La science irrigue toujours la technologie

La recherche joue toujours en 2024 un rôle majeur dans la formation des technologies d'avenir, malgré un demi-siècle de débats sur les importances respectives de la science, des usagers et du capital à cet égard. Cet apport de la science à la technologie prend essentiellement la forme de longues chaînes séquentielles d'interconnexions.

LA PRIMAUTÉ DE LA SCIENCE D'ABORD POSÉE COMME UNE ÉVIDENCE

Cet ouvrage entend cartographier les flux de connaissance circulant depuis les lieux où s'accomplit la recherche vers ceux où sont mises au point les technologies, et propose à cette fin d'exploiter les citations entre brevets et articles scientifiques. Cette approche revient à faire une hypothèse importante : celle selon laquelle la science est (toujours) une source primordiale de l'innovation technologique. Ce n'est en effet qu'à cette condition que les citations académiques des brevets peuvent être admises comme un outil de mesure adéquat.

Or cette hypothèse a fait l'objet d'un vif débat, qui s'est déroulé sur deux plans. Le premier, le plus connu des deux, est économique : il consiste à vouloir constater (ou, pour certains, remettre en cause) un effet d'entraînement mesurable de la R&D sur l'innovation, et souvent plus spécifiquement de la dépense publique de R&D sur sa contrepartie privée (*cf.* encadré ci-après). Dans ce domaine, on peut considérer comme unanimement établi que cet effet d'entraînement est toujours effectif (Beck *et al.*, 2018).

Le second plan de cette discussion est de nature plus sociologique et politique : il porte sur le caractère, le sens et la cinétique des liens entre recherche et innovation. N'y a-t-il pas des innovations qui se prêtent mal au dépôt de brevet ; n'y a-t-il pas des brevets qui ne découlent pas des résultats de la recherche ; n'y a-t-il pas des cas où c'est l'innovation qui renouvelle l'avancement de la recherche en « remontant » du terrain... ? Voilà des questions fréquentes. Nous avons déjà répondu à la première partie

LA DÉPENSE PUBLIQUE DE R&D, LEVIER CONTROVERSÉ DE L'EFFORT PRIVÉ D'INNOVATION

IL EST ADMIS DEPUIS LONGTEMPS que l'investissement dans la R&D – qu'il soit public ou privé – ne vise pas uniquement à faire avancer la connaissance mais aussi, entre autres, à encourager l'effort d'innovation des entreprises. Une littérature abondante travaille donc à déterminer ce qu'on appelle «le rendement privé de l'investissement public en R&D». La question centrale est la suivante : puisque la connaissance est un bien public et non rival (Stiglitz, 1999; Samuelson, 1954), et que l'investissement privé tend pour cette raison à être mécaniquement sous-optimal, quel est le bon niveau d'investissement public pour résoudre cette défaillance de marché (Guellec et van Pottelsberghe de la Potterie, 2010)?

Ce débat est tout sauf théorique : le lecteur français est bien placé pour savoir que le niveau de dépense de l'État en R&D, celui du crédit impôt recherche ou encore du Programme d'investissement d'avenir font l'objet de débats techniques et budgétaires récurrents quant à leur utilité et leur justification (Harfi et Lallement, 2021; European Economics, 2020).

Inversement, à la lumière des grands défis climatiques, techniques et sociétaux auxquels l'Europe fait face en ce début du XXIe siècle, Mazzucato (2016) élargit ce questionnement en proposant que l'intervention publique soit également mobilisée pour faire advenir des marchés solvables qui ne naîtraient pas tous seuls, remettant par là au goût du jour une réflexion européenne sur les politiques «orientées mission» et plus précisément sur la création d'agences de type Arpa (Tagliapietra et Veugelers, éd., 2023). Sans surprise, ce débat ne reste jamais purement arithmétique et prend inévitablement un tour institutionnel. La question peut alors être reformulée ainsi : comment l'investissement dans la connaissance, tant privé que public, peut-il produire des externalités appropriables par les agents privés, et comment organiser institutionnellement l'écosystème pour obtenir la meilleure efficacité à cet égard (Martin et Scott, 1998, 2000; Mazzucato, 2018; Aghion, 2023)?

de ces objections dans la note précédente (Bellit et Charlet, *op. cit.*), en montrant que, du moins dans les douze domaines technologiques étudiés ici, les décomptes de brevets sont bien une métrique pertinente des efforts d'innovation des entreprises et des pays. Cette question se trouve ici prolongée, et il nous faut à présent vérifier que, dans une majorité de cas, science et innovation sont non seulement liées, mais en outre liées dans cet ordre. À défaut, nous aurions opté pour un outil de mesure non significatif.

Plusieurs écoles se sont affrontées sur le sujet jusque dans les années récentes. Selon Godin (2011), il faut remonter à 1928 lorsque Maurice Holland, alors directeur de la division Recherche industrielle au Conseil national de la recherche américain, publie un « modèle » de l'innovation qu'il nomme « le cycle de la recherche ». Il y décrit les progrès techniques de l'industrie selon un processus linéaire et séquentiel, depuis la recherche fondamentale jusqu'à la commercialisation des inventions. Toujours d'après Godin, ce modèle esquissé par Holland rassemble des assertions souvent entendues mais faiblement démontrées, et qu'il élève pourtant au rang de théorie dans le but de convaincre les industriels d'accélérer leur investissement dans la R&D.

Cet archétype restera comme le premier avatar de ce que l'on nomme aujourd'hui le « modèle linéaire de l'innovation ». Pour certains observateurs, ce modèle linéaire a en réalité toujours existé dans l'esprit des décideurs, tant il semble couler de source. Pour d'autres encore, il n'éclot au contraire véritablement qu'en 1945, lorsque Vannevar Bush publie son rapport, *Science: The Endless Frontier*, dont l'influence est unanimement reconnue comme déterminante dans la construction des politiques de recherche occidentales d'après-guerre. Dans ce rapport, l'auteur invite les autorités publiques américaines, au premier rang desquelles le Département de la Défense[17], à distinguer recherche fondamentale et recherche appliquée, en laissant dans le premier cas une grande marge de manœuvre aux chercheurs « fondamentaux », tant ils évoluent dans leur travail scientifique sans pouvoir en connaître par avance les résultats utilisables ni *a fortiori* commercialisables. Dans le modèle linéaire, donc, tout commence par la recherche fondamentale, guidée par la quête de connaissances et aux retombées par nature imprévisibles, à laquelle succèdent la recherche appliquée puis le développement, de plus en plus résolument orientés vers les usages et les applications, le tout venant nourrir en aval la diffusion des connaissances, puis l'appropriation par le marché. Ce modèle linéaire, on le voit

17— Ingénieur au MIT et conseiller scientifique du président Roosevelt, Bush a notamment supervisé la mobilisation gouvernementale de la recherche scientifique pendant la Seconde Guerre mondiale.

aisément, conforte notre choix des citations de brevets comme outil de mesure et de diagnostic.

L'INTUITION D'UN « MONDE D'APRÈS » DANS LES ANNÉES 1980

Godin (2006) et plus encore Edgerton (2004) soulignent que ce « modèle linéaire » n'a jamais été revendiqué ni même conceptualisé comme tel, ni par Holland ni par Bush. L'expression n'existerait en fait que depuis les années 1980, précisément sous la plume de ceux qui entendent critiquer la naïveté, l'incomplétude ou l'anachronisme de cette perception particulière de l'articulation science-marché - dont la généalogie véritable remonterait donc plutôt, de manière brumeuse, jusqu'aux tréfonds de l'ère industrielle. Une chose est certaine en tout état de cause, c'est qu'une abondante littérature entreprend effectivement de déconstruire ce modèle linéaire à partir des années 1980, accumulant les preuves scientifiques que le lien nourricier courant de la recherche vers l'innovation n'est ni universel ni même destiné à survivre à deux bouleversements majeurs et indépendants : l'effondrement du bloc soviétique - et l'extinction rapide de vastes programmes publics sectoriels de R&D, civils et militaires, au sein des pays occidentaux -, et la formidable diffusion des technologies de l'information - dans la cinétique desquelles la puissance des forces du marché le dispute amplement à celle des technologies issues de laboratoires[18].

Pour une part, cette critique du modèle linéaire peut être décrite comme politiquement orientée, ou du moins hostile à l'idée d'une dépense publique sans limite ni contrepartie : contester le modèle linéaire de l'innovation incarné par Bush, c'est refuser en effet que l'étiquette « science fondamentale » puisse tenir lieu de blanc-seing aux chercheurs pour obtenir de l'argent public sans qu'ils ne soient redevables de son utilisation auprès de l'État, des usagers ou des contribuables. C'est aussi affirmer que d'autres formes d'innovation, émanant directement du marché et possiblement plus efficaces, méritent désormais davantage l'attention et le soutien des autorités publiques : renforcement de la concurrence, unification du marché des capitaux pour constituer un écosystème de capital-risque, allégement fiscal et réglementaire pour les jeunes entreprises innovantes... On peut par exemple reconnaître en filigrane cette critique dans les propos de Nye (2006), pour qui la *« fable »* du modèle linéaire s'est révélée *« très opportune »* pour les scientifiques qui *« bénéficiaient largement »* de la manne

18— D'autres technologies promettent à la même époque des ruptures majeures, et notamment toutes celles qui ont trait au génie génétique et aux nanotechnologies. Mais le rôle prépondérant de la recherche dans le processus d'innovation est moins remis en cause dans ces deux cas.

« La recherche avance aussi quand elle est interpelée, bousculée, voire chahutée par le corps politique et social. »

publique en s'abritant derrière la promesse d'une science pure. En regard, Oliveira (2014) estime de son point de vue que l'invention, intentionnelle et historiquement non fondée, de cet *«épouvantail»* d'un prétendu modèle linéaire a servi d'arme à ceux qui promouvaient une certaine *«marchandisation»* de la science et entendaient contester le bien-fondé du financement public de la recherche désintéressée.

Il existe paradoxalement une deuxième école critique du modèle linéaire de l'innovation, nettement plus ancrée socialement. Elle émane de sociologues et d'anthropologues des sciences (Latour *et al.*, 2010) qui observent que la recherche avance aussi quand elle est interpelée, bousculée, voire chahutée par le corps politique et social ou tout simplement par les observations empiriques (Barthe *et al.*, 2014). C'est par exemple ce qui se produit lorsque des associations de patients parviennent, par leur action « citoyenne », non seulement à mobiliser des chercheurs qui se détournaient jusque-là de leurs maladies orphelines, mais surtout à rassembler des informations cliniques déterminantes pour les progrès de la science (Rabeharisoa et Callon, 1998)[19].

19— Callon (1994) pointe que le financement public de la R&D est justifié dans la théorie économique classique par le fait que la connaissance soit un bien public. Or, observe-t-il, c'est à la condition que des collectifs hybrides et dotés d'une certaine autonomie puissent continûment s'approprier la science et interpeler la recherche que cette hypothèse reste vérifiée. À défaut, c'est-à-dire si la connaissance circule uniquement entre les universités et les entreprises, elle est constamment privatisée (notamment à chaque dépôt de brevet).

De manière plus iconique encore, c'est ce qu'incarne la figure de Pasteur, qui a bouleversé les connaissances fondamentales de son époque après avoir mené ses observations cliniques - et précisément parce qu'il les avait menées - en voulant répondre à un problème de santé publique. Bruno Latour, qui a joué un rôle pionnier dans cette école critique de la modernité, a justement commencé sa longue réflexion par une immersion d'anthropologue au sein d'un laboratoire (Latour *et al.*, 2013) et par une étude de la vie de Pasteur (Latour, 2011)[20].

Stokes (1997) enfonce le clou et immortalise cette observation en parlant du *Pasteur's quadrant*. Dans un tableau à double entrée (voir figure 1.1), il distingue les chercheurs qui sont principalement voire uniquement motivés par l'avancement des connaissances, dont Niels Bohr serait un archétype, de ceux qui au contraire se préoccupent surtout de la transformation des usages à l'instar de Thomas Edison, et de ceux enfin qui combinent ces deux préoccupations comme Pasteur le fit avec brio. Stokes avance que ce sont les travaux de cette dernière catégorie qui ont un impact socioéconomique maximal et qu'il est temps, par conséquent, de reconnaître l'importance et la nécessité d'une *use-inspired basic research*. Murray et Stern (2006) le confirment, et estiment d'ailleurs que les chercheurs devraient être davantage incités à déposer eux-mêmes des brevets, ce qui réduit certes légèrement le taux de citation de leurs publications, mais accélère l'appropriation et, de ce fait, l'utilisation par le marché des fruits de leur travail[21].

En résumé, au tournant des années 2000, c'est-à-dire au moment précis où l'Union européenne formalise son Agenda de Lisbonne pour accélérer la montée en gamme de son industrie grâce à un sursaut d'effort de R&D et rattraper ainsi son retard à l'égard des États-Unis et du Japon, il est paradoxalement difficile, sur les bancs académiques des *science studies*, de soutenir que la recherche scientifique nourrit l'innovation sans risquer une remise en cause immédiate pour aveuglement doctrinal ou naïveté grégaire. Pour bien des observateurs, articles scientifiques à l'appui, le carburant essentiel de l'innovation réside alors dans les réseaux d'acteurs hétérogènes (donc en partie dans la société civile), dans le marché, les grandes ou petites entreprises

20– Toutes les références aux ouvrages de Bruno Latour désignent des rééditions. Il s'agit en réalité de travaux datant des années 1990.

21– Akrich *et al.* (1998) présentent même un « modèle tourbillonnaire » de l'innovation. Selon eux, l'innovation peut partir de n'importe où, aucun acteur n'ayant le monopole de l'imagination, et l'idée ne se diffusera que si elle est reprise par des groupes qui en l'adoptant, vont l'adapter et la modifier. Dans ce modèle tourbillonnaire, le regard ne porte plus essentiellement sur les produits mais sur les acteurs impliqués dans le processus d'innovation.

fig. **1.1**

Le quadrant de Pasteur, selon Stokes (1997)

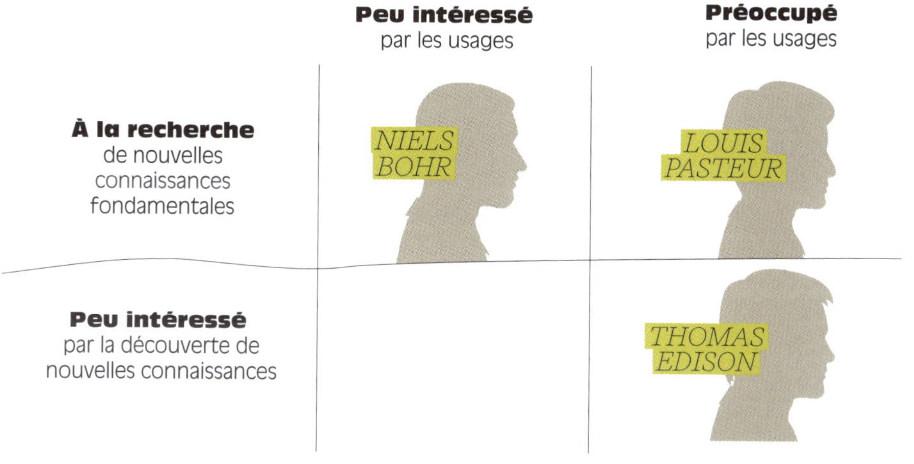

de la tech ou le *private equity*, mais en tout état de cause ailleurs que dans les laboratoires de recherche recevant des financements publics.

LA FIN DES CONTROVERSES ?

Si ces prophéties s'étaient révélées exactes, nous vivrions en 2025 dans un monde où les citations académiques contenues dans les brevets auraient perdu toute valeur pour retracer la genèse des innovations de rupture. Or cette controverse a fini par s'apaiser. Godin (*op. cit.*) observe que plusieurs communautés scientifiques, occupées précisément à comprendre comment la science évolue, trouvent le modèle linéaire trop utile à leurs analyses pour qu'il puisse être abandonné, d'autant que de nouvelles mesures sont venues redonner du crédit à cette description séquentielle du processus d'innovation (Artz *et al.*, 2010). Godin va même jusqu'à déclarer la mort clinique des critiques alternatives - ce qui est sans doute excessif[22].

22— En tout état de cause, la distinction entre science et technologie ne peut être tenue aujourd'hui pour universelle ni immuable. Comme le relève Dominique Guellec, conseiller scientifique de l'OST : « Dans le domaine de l'intelligence artificielle, les découvertes scientifiques sont presque toujours appliquées directement. Ce pourrait presque être la définition d'un "domaine frontière" : là où les applications nouvelles coïncident avec les savoirs nouveaux. »

Attardons-nous ici sur le travail éclairant d'Ahmadpoor et Jones (2017) : en retraçant une à une les citations entre 4,8 millions de brevets américains (déposés entre 1976 et 2015) et 32 millions d'articles scientifiques (publiés entre 1945 et 2013), ils attribuent à chaque élément une **«distance à la frontière»** (voir lexique ci-contre et figure 1.2, a). Leur tout premier résultat est qu'ils parviennent ainsi à relier 80 % des articles scientifiques à 61 % des brevets de leur très vaste échantillon : la majeure partie des activités scientifiques et technologiques sont dès lors bien connectées les unes aux autres. Ce résultat est d'ailleurs conforté par Gazni et Ghaseminik (2019), qui montrent que la proportion des brevets dérivant d'avancées scientifiques s'est même accrue au cours des 25 dernières années. Ahmadpoor et Jones montrent également (figure 1.2, b) que cette connexion est principalement indirecte : la zone frontière, là où les brevets citent directement des articles scientifiques, concerne respectivement 8 % du total des articles et 13 % du total des brevets[23]. *A contrario*, les deux tiers (68 %) des brevets connectés et les trois quarts (79 %) des articles connectés se situent à une distance de 2 à 4 de la frontière[24].

En somme, le modèle linéaire descendant apporte par conséquent toujours une explication fondée - certes partielle mais dominante - du fonctionnement de la recherche et de l'innovation et des apports à celle-ci de celle-là. Après quarante ans de controverse sur les rôles respectifs de l'État, des marchés et de la société dans l'avancement de l'innovation, nous pouvons en guise de bilan affirmer que les travaux scientifiques menés dans les laboratoires en sont effectivement un aliment intellectuel déterminant.

La frontière

Elle correspond aux brevets qui citent des articles scientifiques : ces articles et ces brevets sont à une distance de 1. Un brevet dont la distance à la frontière est de 2 cite un autre brevet qui cite lui-même un article. Et ainsi de suite.

LEXIQUE

23— Autrement dit, 10 % des articles connectés et 21 % des brevets connectés. Van Raan (2017) calcule pour sa part qu'environ 3 à 4 % des articles du Web of Science sont cités par des brevets, et que la proportion monte à 15 % environ si l'on se retreint aux articles fondés sur une collaboration scientifique public-privé.

24— Un article à une distance de 1 est directement cité par un brevet, un article à une distance de 2 est cité par un autre qui est lui-même cité par un brevet, etc.

fig. **1.2**

Réseaux de citations articles-brevets (a) et connectivité des articles et brevets (b)

(a) Réseaux de citations articles-brevets selon Ahmadpoor et Jones

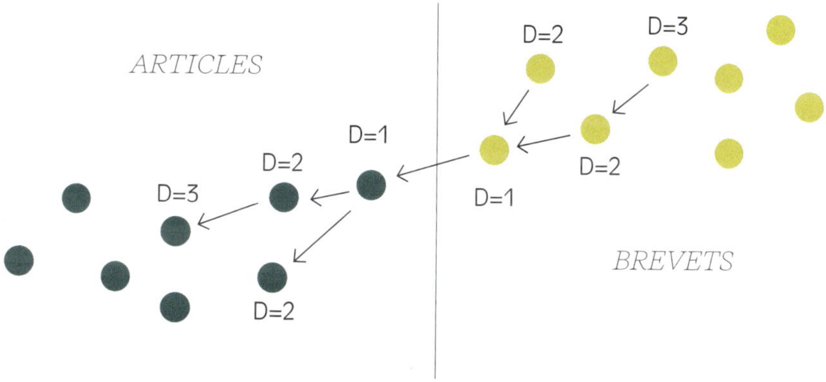

(b) Connectivité des articles-brevets selon Ahmadpoor et Jones

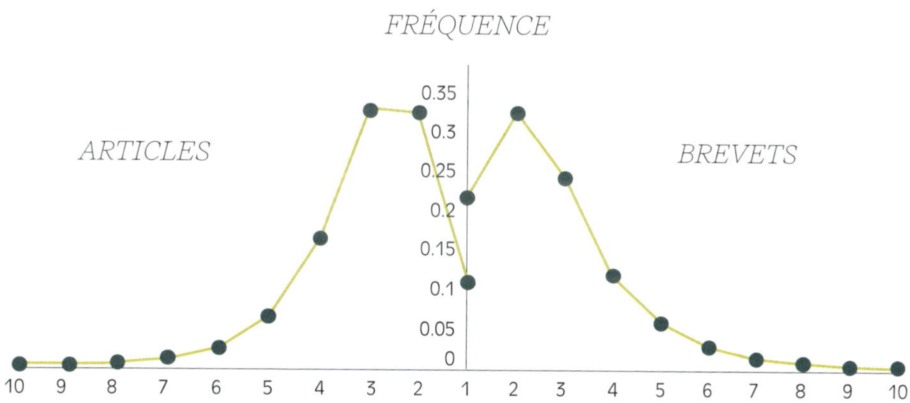

Source : Ahmadpoor et Jones (2017)

2

Chapitre

Des articles scientifiques aux brevets de rupture

Les technologies de rupture représentent un cas très particulier d'innovation. Capables par définition de transformer des marchés, elles font l'objet de brevets très minoritaires en nombre, mais intensément liés à la recherche et plus encore à la recherche d'excellence.

UNE FRONTIÈRE MINCE ENTRE DEUX VASTES MONDES

Cette étude repose sur un panel de douze technologies de rupture, ayant fait l'objet de 101 000 dépôts de familles de brevets entre 2010 et 2021. Dans toute cette étude, comme dans la précédente, nous parlons exclusivement de familles de brevets ayant été déposées dans au moins deux offices nationaux (ou bien auprès de l'OMPI ou de l'OEB), de manière à écarter les brevets purement défensifs, très nombreux en Chine notamment, qui donneraient une image faussée des activités innovantes.

En moyenne, chacun de ces brevets de rupture cite 8 autres brevets à l'appui de sa demande de protection, ainsi que 1,6 référence « hors brevets » (*non-patent literature*, NPL), dont une publication scientifique identifiable dans le Web of Science (voir figure 2.1). Ce nombre moyen de 1,6 citation NPL par brevet cache une distribution hétérogène : 30 % des brevets de rupture citent au moins une référence NPL, par conséquent les deux tiers restants n'en mentionnent aucune. La citation dans un brevet d'un ou plusieurs articles scientifiques n'a donc rien de systématique, y compris pour des technologies choisies pour leur caractère disruptif.

Brevets citants

Brevets qui citent des articles scientifiques.

LEXIQUE

Dans toute la suite de cet ouvrage, nous allons donc étudier les liens de citation entre environ cent mille brevets de rupture correspondant à douze technologies et les cent mille articles scientifiques auxquelles ils se réfèrent. Cette première photographie appelle trois remarques. La première est que le taux de 30 % de **brevets « citants »** que nous observons dans notre échantillon est commensurable, mais significativement supérieur à celui de 12,7 % trouvé par

fig. **2.1**

Corpus de brevets et d'articles cités en référence

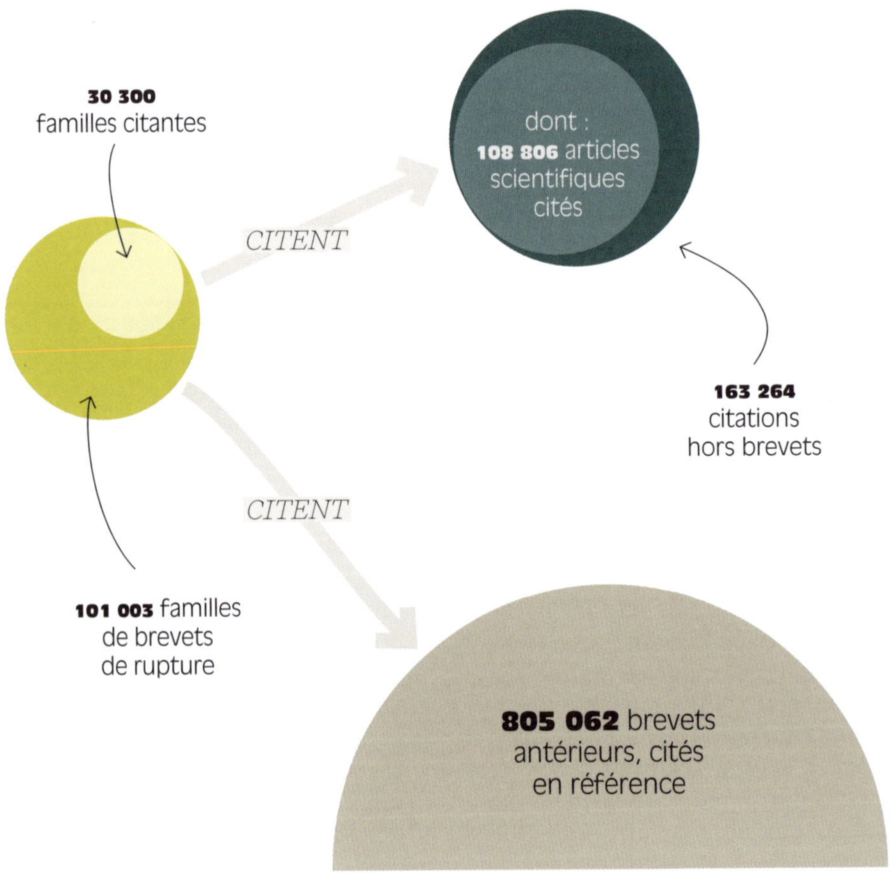

Sources : base OST-Patstat printemps 2024, base ROS 2024, base OpenAlex 2024, base OST-Web of Science (année 2021 complète à 95 %), calculs OST-Hcéres.

Note : les données sources figurent dans l'annexe B à ce rapport. Sont prises en compte les familles de brevets déposées dans au moins deux offices nationaux, auprès de l'OEB ou de l'OMPI. On dénombre environ 163 000 citations hors brevets (« Non Patent Literature ») indexées dans la base OpenAlex (OA), parmi lesquelles 109 000 environ peuvent en outre être repérées dans la base OST-WoS. Cette base des publications contient les articles datant de 1999 à aujourd'hui.

Ahmadpoor et Jones (*op. cit.*)[25]. Nous trouvons ainsi dans leur travail une double confirmation : tout à la fois des ordres de grandeur en présence et du caractère distinctif de notre échantillon, centré sur des brevets de rupture, dont il n'est pas anormal de constater qu'ils citent des articles scientifiques presque trois fois plus fréquemment que la moyenne.

La deuxième remarque s'appuie sur le tableau ci-après : elle consiste à relever que les brevets citants de notre échantillon représentent à peine 2 % du total des brevets citants déposés dans le monde, toutes technologies confondues. De leur côté, les articles scientifiques qu'ils citent correspondent à un demi-pourcent, au maximum, de la littérature publiée dans les mêmes domaines. En d'autres termes, notre échantillon de douze technologies de rupture, toutes identifiées par des panels de haut niveau pour leur capacité à renforcer ou à décarboner l'industrie, ne participe que pour une modeste part aux efforts de recherche et d'innovation déployés dans le monde au même moment.

La troisième remarque provient de la lecture de la dernière colonne du tableau : la part des articles cités par les brevets comportant au moins un auteur travaillant dans une entreprise varie de 10 % à 25 % selon la technologie considérée. Autrement dit, 75 % à 90 % des articles cités ont été produits par des chercheurs académiques uniquement.

25— Ils trouvent un taux de 21 % parmi les brevets connectés, qui représentent 60,5 % du total des brevets.

fig. **2.2**

Publications citées par les brevets et publications totales, dans les trois domaines scientifiques les plus représentés (le « noyau »), 2010-2021

TECHNOLOGIE	Nombre d'articles du noyau scientifique par technologie	Articles parus dans le WoS* dans ces 3 domaines du noyau (2010-2022)	Ratio	Familles de brevets citant des publications dans le WoS*	Nombre total de familles de brevets citant des articles scientifiques	Ratio	Part des NPL avec au moins un auteur en entreprise
Hydrogène pour les transports	3 796	6 034 645	0,06 %	1 322			16,4 %
Batteries pour véhicules électriques	4 036	4 957 865	0,08 %	1 500			16,4 %
Photovoltaïque	21 156	4 701 714	0,45 %	9 675			13,5 %
Éoliennes en mer	48	4 477 118	0,00 %	34			10,9 %
Recyclage des métaux stratégiques	3 105	4 465 658	0,07 %	1 761			13,6 %
Carburants durables du secteur aérien	677	5 775 470	0,01 %	134			14,0 %
Nanoélectronique	11 384	4 529 162	0,25 %	2 716			13,2 %
Spintronique	2 717	4 529 162	0,06 %	1 331			25,2 %
Ordinateur quantique	5 425	3 027 047	0,18 %	1 859			18,5 %
ARN messager	15 168	3 634 635	0,42 %	2 348			16,7 %
Acier bas carbone	1 565	4 957 865	0,03 %	736			18,4 %
Recyclage biologique des plastiques	1 086	4 222 516	0,03 %	680			12,0 %
Total				24 096	1 282 867	1,9 %	

Sources : base OST-Patstat printemps 2024, base ROS 2024, base OpenAlex 2024, base OST-Web of Science (année 2021 complète à 95 %), calculs OST-Hcéres.

Notes : une partie de ces données sont détaillées dans les annexes B et F à ce rapport. Sont prises en compte les familles de brevets déposées dans au moins deux offices nationaux, auprès de l'OEB ou de l'OMPI.

* La base des publications OST-Web of Science contient les publications datant de 1999 à aujourd'hui.

« 75 % à 90 % des articles cités ont été produits par des chercheurs académiques uniquement. »

TECHNOLOGIE	Familles de brevets de rupture	Citations de familles de brevets*	Nombre moyen de citations de familles	Part des familles avec citations de brevets	Citations hors brevets**	Citations hors brevets WoS***	Nombre moyen de citations identifiables dans la base WoS	Part des familles avec citations hors brevets
Hydrogène pour les transports	9 935	113 910	11,47	99 %	8 871	5 438	0,55	18 %
Batteries pour véhicules électriques	18 582	132 218	7,12	98 %	7 150	4 721	0,25	11 %
Photovoltaïque	41 251	284 179	6,89	98 %	47 306	30 741	0,75	30 %
Éoliennes en mer	1 267	9 228	7,28	99 %	193	55	0,04	8 %
Recyclage des métaux stratégiques	6 600	58 678	8,89	39 %	9 177	5 123	0,78	37 %
Carburants durables du secteur aérien	307	5 063	16,49	99 %	1 574	858	2,79	53 %
Nanoélectronique	6 061	61 925	10,22	97 %	22 586	17 044	2,81	50 %
Spintronique	3 901	29 098	7,46	98 %	4 743	3 307	0,85	40 %
Ordinateur quantique	2 942	14 096	4,79	90 %	11 969	7 153	2,43	71 %
ARN messager	2 763	26 271	9,51	97 %	42 259	30 348	10,98	88 %
Acier bas carbone	4 273	44 471	10,41	100 %	4 087	2 105	0,49	27 %
Recyclage biologique des plastiques	3 121	25 925	8,31	98 %	3 349	1 913	0,61	30 %
Total	101 003	805 062	7,97		163 264	108 806	1,08	30 %

fig. 2.3

Citations par les brevets de rupture (brevets et hors brevets), 2010-2021

Sources : base OST-Patstat printemps 2024, base ROS 2024, base OpenAlex 2024, base OST-Web of Science (année 2021 complète à 95 %), calculs OST-Hcéres.

Notes : sont prises en compte les familles de brevets déposées dans au moins deux offices nationaux, auprès de l'OEB ou de l'OMPI.

* Références aux technologies antérieures pertinentes, protégées ou décrites dans d'autres brevets déposés.

** Publications scientifiques, actes de colloque, ouvrages, etc.

*** La base des publications OST-Web of Science contient les publications datant de 1999 à aujourd'hui.

DE GRANDS ÉCARTS D'UNE TECHNOLOGIE À L'AUTRE

Les taux évoqués ci-dessus sont des moyennes sur un ensemble de douze technologies : comme le montre le tableau ci-contre, le nombre total de brevets tout comme le nombre moyen de citations par brevet varient sensiblement de l'une à l'autre. Pour ce qui concerne les citations vers d'autres brevets, la plage de variation est relativement contenue : de 4,8 à 16,5 brevets cités par brevet de rupture. Pour les citations vers des articles scientifiques, la distribution est beaucoup plus hétérogène et s'étale de 11 articles cités par brevet dans le cas de l'ARN messager à 0,04 dans le cas des éoliennes en mer. De la même manière, la proportion de brevets qui citent des contributions scientifiques varie amplement. Pour deux technologies (batteries et éoliennes), environ 10 % des brevets de rupture citent au moins une référence hors brevets. Ce taux monte à près de 20 % dans le cas de l'hydrogène et à près de 30 % pour l'acier bas carbone, le recyclage biologique des plastiques et le photovoltaïque, puis à près de 40 % pour le recyclage des métaux stratégiques et la spintronique, à 50 % pour la nanoélectronique et les carburants durables pour le secteur aérien, à 70 % pour l'ordinateur quantique et à 90 % pour l'ARN messager.

(a) Les 12 corpus de brevets de rupture

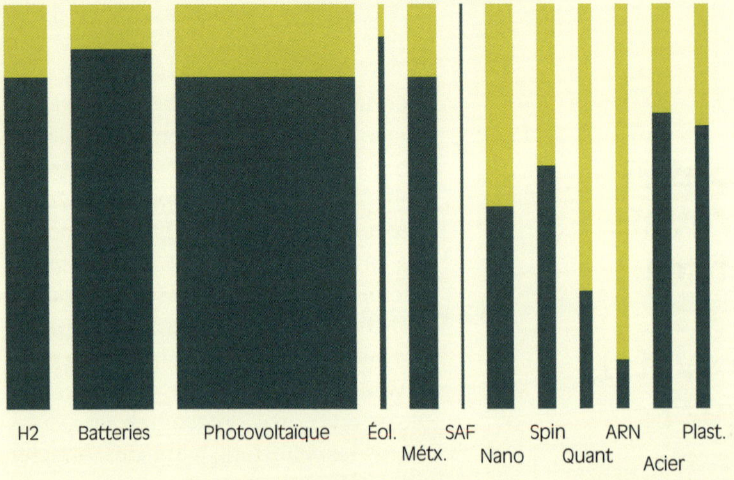

Note : la surface des rectangles est proportionnelle au nombre total de brevets. La surface colorée en jaune représente la fraction d'entre eux qui citent des articles scientifiques

b) La distribution de la distance à la frontière des articles et des brevets dans quelques exemples de domaines scientifiques et technologiques, selon Ahmadpoor et Jones

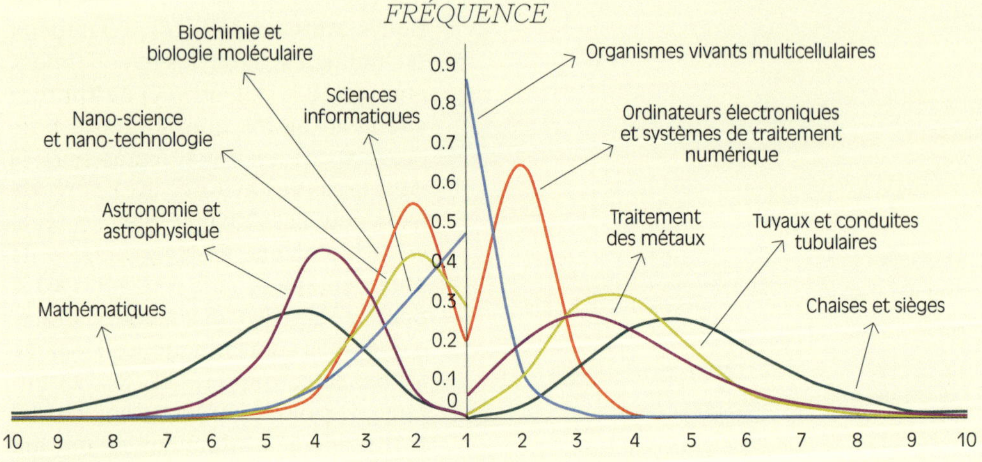

Source : Ahmadpoor et Jones (2017)

Note de lecture : en mathématiques, presque aucun article ne se situe à la frontière, autrement dit n'est cité par au moins un brevet. La distance modale de la distribution (c'est-à-dire la distance correspondant au cas le plus fréquent) est légèrement supérieure à 4. En informatique, 45 % des articles scientifiques sont à la frontière de telle sorte que la distance modale de la distribution est de 1.

fig.

2.4

De fortes variations d'une technologie à l'autre

(c) Distribution de la distance à la frontière des brevets dans quelques exemples de domaines technologiques, selon Ahmadpoor et Jones, et comparaison avec les technologies de notre corpus

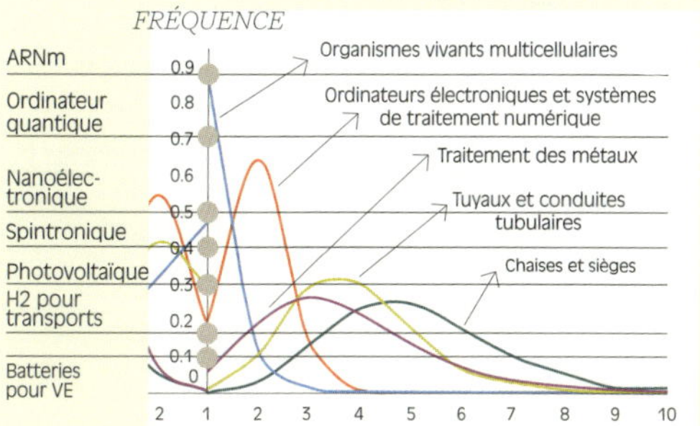

Source : Ahmadpoor et Jones (2017)

Note de lecture : dans le champ des technologies ayant trait aux organismes multicellulaires, 90 % des brevets citent au moins un article scientifique, ce qui correspond exactement à la proportion de brevets citants dans la technologie « ARN messager » de notre panel.

En résumé, comme le montre la figure 2.4 (a), les technologies de rupture varient sensiblement par le nombre de brevets auxquels elles donnent lieu, tout comme par l'intensité de leur relation avec la production académique. L'article de Ahmadpoor et Jones (*op. cit.*) confirme là encore cette hétérogénéité, comme on peut le voir dans la figure 2.4 (b). Celle-ci représente, pour une série d'exemples-types de domaines scientifiques et technologiques, la distribution de la distance à la frontière des publications et des brevets. Ainsi, par exemple, 20 % des articles en biochimie et biologie moléculaire sont à la frontière, c'est-à-dire cités par au moins un brevet (distance = 1), tandis que plus de 50 % sont à une distance de 2. Cet ensemble de courbes atteste que la proportion de brevets citants varie sensiblement d'un domaine technologique à l'autre.

Nous avons d'ailleurs reproduit, sur la figure 2.4 (c), la moitié droite de cette figure relative aux domaines technologiques, en plaçant pour comparaison les proportions de brevets citants des technologies de notre propre échantillon. La conformité est très grande dans le domaine du vivant (ARN messager dans notre échantillon, organismes multicellulaires dans le leur). Pour ce qui est des TIC, les proportions de brevets citants sont souvent plus élevées dans notre échantillon (ordinateur quantique, nanoélectronique, spintronique, photovoltaïque) que dans le leur (ordinateurs et logiciels), ce qui

fig. **2.5**

Part des articles cités par les brevets de rupture figurant au sein du top 1 % des articles les plus cités

(dans les trois domaines les plus représentés)

TECHNOLOGIE	NOMBRE D'ARTICLES CITÉS	NOMBRE D'ARTICLES CITÉS PARMI LE TOP 1 %	RATIO
Hydrogène pour les transports	3 796	532	14,0 %
Batteries pour véhicules électriques	4 036	545	13,5 %
Photovoltaïque	21 156	3 368	15,9 %
Éoliennes en mer	48	4	8,3 %
Recyclage des métaux stratégiques	3 105	263	8,5 %
Carburants durables du secteur aérien	677	116	17,1 %
Nanoélectronique	11 384	2 141	18,8 %
Spintronique	2 717	395	14,5 %
Ordinateur quantique	5 425	971	17,9 %
ARN messager	15 168	2 692	17,7 %
Acier bas carbone	1 565	169	10,8 %
Recyclage biologique des plastiques	1 086	121	11,1 %
Total	70 163	11 317	16,1 %

Sources : base OST-Patstat printemps 2024, base ROS 2024, base OpenAlex 2024, base OST-Web of Science (année 2021 complète à 95 %), calculs OST-Hcéres.

Note : ces données sont détaillées dans l'annexe G à ce rapport. Sont prises en compte les familles de brevets déposées dans au moins deux offices nationaux, auprès de l'OEB ou de l'OMPI.

peut être imputable à des différences de maturité technologique ou au caractère disruptif des technologies que nous avons repérées.

LE POIDS DÉTERMINANT DES ARTICLES LES PLUS CITÉS

Ainsi que l'établissent Tussen *et al.* (2000) dans leur analyse centrée sur les Pays-Bas, il est couramment admis que les meilleurs brevets s'inspirent de la meilleure science ou, pour le dire plus précisément, que les articles scientifiques fréquemment cités par les autres papiers de recherche sont aussi plus souvent repris par les brevets. Ahmadpoor et Jones (*op. cit.*) en apportent une confirmation : ils appellent *home run* le fait pour un article ou un brevet de faire partie des 5 % les plus cités de son domaine pendant une année donnée. La probabilité pour une publication de réaliser un *home run* est donc en moyenne de 5 %, par définition, mais ils mesurent un taux de plus de 18 % pour les publications situées à la frontière, c'est-à-dire directement citées par des brevets.

L'effet est plus net encore dans notre échantillon, comme on peut le voir dans le tableau ci-contre : la proportion des articles cités par les brevets figurant non pas dans le top 5 % mais dans le top 1% des articles les plus cités y est supérieure à 16 % ! Il est alors manifeste que les brevets de rupture se réfèrent préférentiellement aux publications scientifiques ayant le plus fort impact, c'est-à-dire les plus novateurs simultanément sur les plans scientifique et technologique (Jonkers et Sachwald, *op. cit.* ; 2018 ; Quemener *et al.*, 2024).

La figure 2.6 ci-après montre que ce tropisme vers l'excellence est perceptible dans toutes les technologies de notre échantillon. La lecture des données est la suivante : par exemple dans la case en haut à gauche, qui concerne la « physique de la matière condensée » (le panel PE3 du Conseil européen de la recherche), les 10 % d'articles les plus cités (ceux du premier décile) reçoivent en moyenne 5,8 citations par article. Mais, si on se restreint aux articles de ce même panel PE3 cités par les brevets de rupture de notre échantillon (en l'occurrence ceux qui concernent les quatre domaines du photovoltaïque, de la nanoélectronique, de la spintronique et de l'ordinateur quantique), les publications du premier décile reçoivent cette fois un taux moyen variant entre 15 et 25,6 citations par article. Les brevets de rupture ont donc une propension manifeste à citer les articles à très fort impact académique ; autrement dit, ils s'adossent préférentiellement à l'excellence scientifique.

Panel PE3 : physique de la matière condensée

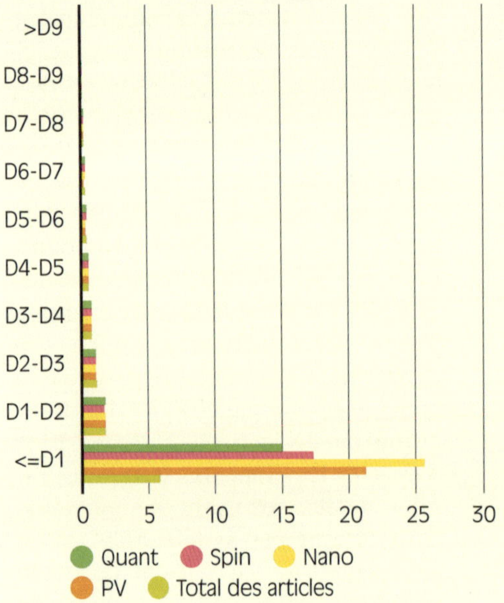

Panel PE4 : chimie physique et analytique

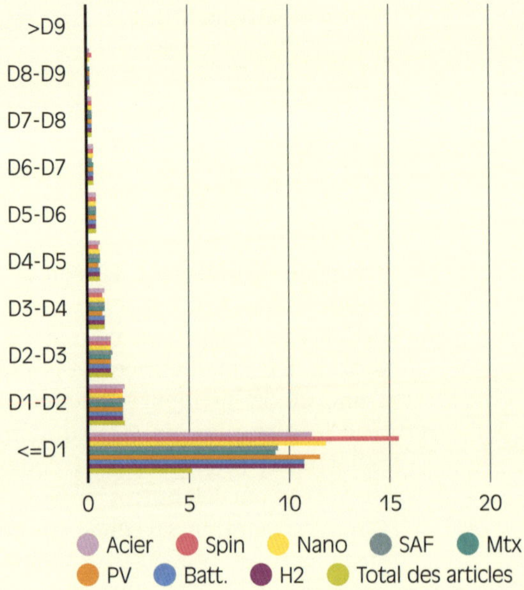

Panel LS4 : physiologie de la santé, de la maladie et du vieillissement

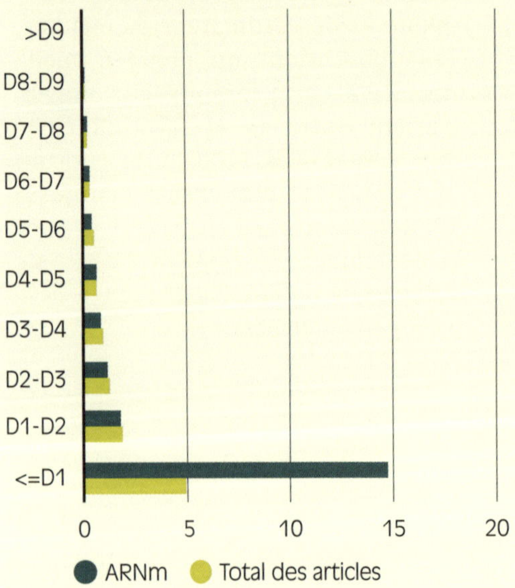

Panel LS6 : immunité, infection et immunothérapie

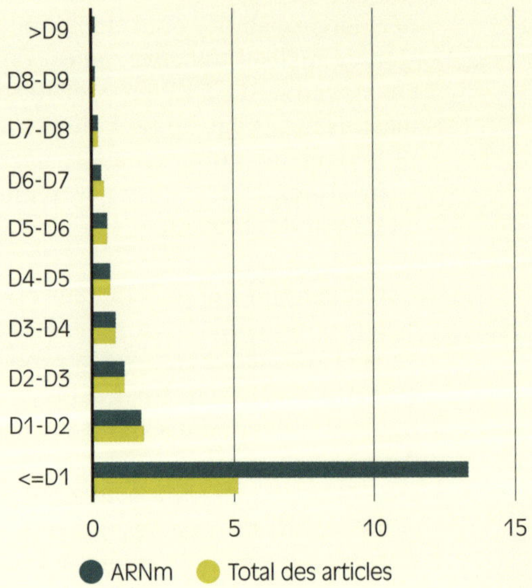

fig. 2.6

Nombre moyen par article de citations, pour la totalité des publications scientifiques et pour celles citées par les brevets de rupture, triés par décile, dans quatre exemples de panels scientifiques de l'ERC

Source : base OST-Patstat printemps 2024, base ROS 2024, base OpenAlex 2024, base OST-Web of Science (année 2021 complète à 95 %), calculs OST-Hcéres.

Notes : ces données sont détaillées dans l'annexe E à ce rapport. Sont prises en compte les familles de brevets déposées dans au moins deux offices nationaux, auprès de l'OEB ou de l'OMPI.

UNE PREMIÈRE CARACTÉRISATION DES DOUZE TECHNOLOGIES

Les données qui précèdent indiquent que les douze technologies de rupture de notre échantillon possèdent des caractéristiques bibliométriques qui les distinguent à la fois des autres technologies « courantes » (part de brevets citant des articles scientifiques, proportion citant des articles scientifiques à très fort impact), mais également entre elles. On trouve là le prolongement d'un constat déjà esquissé dans la note précédente (Bellit et Charlet, *op. cit.*). La taille des corpus de brevets, leur rythme de croissance, la place respective des différents pays dans les dépôts de brevets… tous ces indicateurs expriment à leur manière que ces douze technologies, quand bien même elles figurent sur un pied d'égalité dans les rapports d'experts qui analysent les leviers de transformation de l'industrie européenne au XXIe siècle, ont en réalité une physionomie, des racines scientifiques et une cinétique d'expansion très différentes.

De ce fait, on peut être tenté de s'en donner une représentation synthétique qui refléterait leur niveau de « disruptivité ». Le but avoué de ce questionnement est d'examiner si le rôle des différents pays, en Europe, en Asie et en Amérique du Nord, dans les dépôts de brevets de chaque technologie, a quelque chose à voir avec la maturité de cette dernière ou au contraire avec le caractère encore exploratoire des recherches scientifiques dont elle se nourrit. Il existe bien un indicateur de disruptivité proposé par des chercheurs, dont la note précédente s'est d'ailleurs fait l'écho, mais il est controversé, suspecté d'être entaché d'un biais méthodologique (*cf.* encadré ci-contre).

Nous proposons donc une simple analyse en composantes principales de notre échantillon de douze technologies de rupture, chacune étant caractérisée par quinze variables[26]. Le traitement complet est développé dans l'annexe I ; nous nous concentrons ici sur la présentation et l'interprétation des résultats (les deux premiers axes obtenus représentent 51 % de la variance).

La première chose qui distingue ces technologies de rupture est de savoir si les déposants américains y détiennent une part plus que proportionnelle, auquel cas les co-dépôts public-privé et le nombre moyen de citations de publications scientifiques tendent également à être plus élevés. Au contraire, là où les déposants japonais et coréens occupent un rôle prééminent, on observe un volume total de brevets plus important et une part des entreprises parmi les déposants plus élevée que la moyenne. Ainsi, il y a donc bien, d'une technologie à l'autre, un rapport entre le poids relatif des principaux pays parmi les déposants et la cinétique de production de connaissance. La suite de cet ouvrage apporte des éclaircissements complémentaires sur ce point. Une fois ce premier tri opéré, la deuxième distinction consiste à se demander si la progression du nombre de brevets déposés est positive ou au contraire nulle, voire négative.

Sur cette base, les douze technologies peuvent être classées en quatre groupes. Le premier groupe rassemble les technologies où les déposants asiatiques (et les entreprises) occupent une place prédominante et dont la croissance du nombre de brevets est nulle ou mesurée : hydrogène pour les transports, batteries pour véhicules électriques, photovoltaïque, spintronique, acier bas carbone. Le deuxième « groupe » se rapporte à une seule technologie, en très vive progression et où la part mondiale des déposants américains est particulièrement élevée : l'ordinateur quantique. Le troisième groupe concerne des technologies dont la progression est mesurée, voire

26— Ces quinze variables sont : (I) le nombre total de familles de brevets de rupture déposés, (II) le taux de croissance annuelle du nombre de brevets déposés, (III-VI) les parts mondiales respectives des États-Unis, du Japon, de la Corée et de la Chine, (VII) la part des brevets citants sur le total des brevets, (VIII) le nombre moyen de citations de brevets, (IX) le nombre moyen de citations « hors brevets » repérables dans OpenAlex, (X) le nombre moyen de citations académiques repérables dans le Web of Science, (XI) la part des entreprises parmi les déposants, (XII) la part des co-dépôts public-privé, (XIII) la part cumulée des douze premiers déposants sur le total des brevets déposés, (XIV) l'âge médian des publications académiques citées par les brevets et (XV) la part des citations hors brevets ayant au moins un auteur travaillant en entreprise. *Cf.* annexe I.

LA DISRUPTIVITÉ DE LA SCIENCE MONDIALE RÉGRESSE-T-ELLE VRAIMENT ?

DANS UN ARTICLE REMARQUÉ ET PUBLIÉ PAR *NATURE*, Park *et al.* (2023) calculent un indice de disruptivité pour chaque article et chaque brevet. Ils déduisent de leurs mesures que la recherche et la technologie mondiales sont, tendanciellement, toujours plus incrémentales et donnent de moins en moins naissance à des découvertes majeures. Leur analyse repose sur la détection de chaînes continues de citations dans les articles scientifiques et les brevets : ils appellent « disruption » ce moment où la publication d'un nouvel article ou d'un nouveau brevet parvient à écranter ou à faire oublier les articles précédents dans les publications qui suivront.

Or Petersen *et al.* (2023) contestent leur interprétation des résultats. Selon ces derniers, la baisse continue de l'indice de disruptivité des articles et des brevets contemporains tient avant tout à des facteurs comportementaux et endogènes : en pratique, plus le temps passe et plus les auteurs sont incités à présenter de très longues listes de références bibliographiques dans leurs articles, sans oublier de se citer eux-mêmes. Cette évolution continue de la manière de présenter les travaux scientifiques a pour conséquence directe de faire baisser artificiellement l'indice de disruptivité des articles récents. Petersen *et al.* affirment à l'issue de leur travail que la disruptivité des articles scientifiques a en réalité augmenté entre 2005 et 2015.

négative et où les déposants américains occupent une place prééminente : les SAF, la nanoélectronique et l'ARNm. Le quatrième groupe, enfin, rassemble les autres technologies, souvent celles où les pays européens ont une part plus importante : éoliennes en mer, recyclage des métaux stratégiques, recyclage biologique des plastiques.

Point de vue

par **Arnoud de Meyer**

Comment naissent les innovations de rupture ?

Arnoud de Meyer
est professeur émérite
à l'université de gestion
de Singapour (SMU).

L'ANALYSE EMPIRIQUE contenue dans cet ouvrage représente un effort impressionnant et sans précédent pour examiner la relation entre la science et l'innovation dans douze secteurs industriels sujets à des changements technologiques majeurs. Scientifique, ayant en outre une certaine expérience en tant que consultant pour l'industrie, j'ai quelques observations sur cette étude.

Principales observations

Les bonnes nouvelles

La présente recherche met en évidence un lien très net entre les efforts scientifiques de haute qualité et l'innovation industrielle. D'après cette analyse, il est clair que les ruptures technologiques plongent souvent leurs racines dans des avancées scientifiques. Cependant, je ne suis pas convaincu que cette relation suive un modèle simple et linéaire. Dans les domaines de haute technologie - qui, je le reconnais, diffèrent quelque peu des technologies de rupture - l'essentiel réside dans l'étroite collaboration entre des chercheurs universitaires et des industriels qui travaillent sur des problèmes communs. Selon moi, cela pourrait même constituer la définition de « la haute technologie ». Cette situation contraste avec ce que l'on observe dans les technologies plus conventionnelles, où les intérêts de l'industrie et du monde universitaire divergent souvent, et où en particulier les sujets traités par les universitaires semblent souvent d'intérêt nul ou marginal aux yeux des industriels.

Dans les secteurs high-tech, les chercheurs universitaires et les technologues industriels interagissent fréquemment, repoussant ensemble les limites de la technologie. J'ai trouvé le tableau 2.2 du chapitre 2 particulièrement intrigant. Il montre que, parmi les articles académiques cités par des brevets, la proportion de ceux qui comptent au moins un auteur affilié à une entreprise varie entre 10 % et 25 %, selon la technologie. Cela souligne l'importance de la collaboration entre les universités et l'industrie dans les domaines de haute technologie. En particulier, les éoliennes offshore, que je ne classerais personnellement pas parmi les hautes technologies, affichent le taux le plus bas (10,9 %), tandis que l'informatique quantique - domaine de haute technologie par excellence - a le taux le plus élevé (18,5 %). Le prix Nobel de chimie 2024, décerné à un universitaire et à deux scientifiques industriels, soutient l'hypothèse d'une collaboration et d'une interaction productives entre le milieu universitaire et l'industrie.

Les mauvaises nouvelles

Pour les scientifiques dont je suis, il est un peu inquiétant de constater le nombre limité de citations de travaux universitaires dans les brevets, quand on les rapporte au vaste volume de publications académiques. L'analyse de Charlet révèle que les articles scientifiques cités par les brevets ne représentent que 0,5 % de l'ensemble de la littérature publiée dans les mêmes domaines. De plus, son analyse s'appuie sur les données du Web of Science, ce qui réduit déjà l'échantillon aux publications de meilleure qualité. Parmi les articles cités, ceux à plus fort impact dominent : plus de 16 % des articles cités par des brevets proviennent du top 1 % des articles les plus cités. Là encore, il existe des variations selon les technologies, allant de 8,3 % pour les éoliennes offshore et 8,5 % pour le recyclage des métaux stratégiques à 18,8 % pour la nanoélectronique et 17,9 % pour l'informatique quantique. Cela suggère qu'une interaction plus étroite entre les meilleurs chercheurs universitaires et les ingénieurs industriels avancés est plus fréquente dans les domaines de haute technologie. Et on ne peut ignorer la conclusion que seule une part limitée de la recherche scientifique a une incidence réelle sur les ruptures technico-économiques.

Réflexions sur les résultats

Le volume de la recherche à faible impact

Pourquoi y a-t-il une telle quantité d'articles scientifiques ayant probablement un impact minime ou nul sur les brevets et, par extension, sur l'innovation industrielle ? J'écris à dessein « probablement », parce que la recherche universitaire peut influencer l'innovation par d'autres voies, telles que le conseil, la formation des cadres, les conférences et le réseautage. Cela est bien documenté dans le cas des sciences sociales et pourrait également s'appliquer aux STIM (Science, technologie, ingénierie et mathématiques). Souhaitons que La Fabrique de l'industrie puisse proposer une méthodologie pour mesurer ces autres répercussions dans une future monographie.

Même si l'on ne considère que les citations de brevets, je me demande pourquoi tant de résultats de recherche manquent de retombées tangibles. Est-ce dû à un processus darwinien en science, qui voudrait qu'un grand volume de publications soit nécessaire pour produire quelques études révolutionnaires ? Ou est-ce le signe d'une inefficacité de la production académique ?

La formation doctorale, qui peut être vue comme un apprentissage dans et par la recherche, exige souvent des étudiants qu'ils publient un ou plusieurs articles, dont beaucoup représentent une contribution marginale. Nous devrions trouver un moyen de réduire l'ampleur de cet exercice pour les étudiants concernés. De plus, la culture du *publish or perish* répandue dans le milieu universitaire exacerbe ce problème, conduisant à une prolifération d'articles étroitement ciblés, souvent presque non pertinents. L'essor des revues prédatrices n'a fait qu'aggraver le problème. L'analyse détaillée de Charlet renforce ma conviction que les institutions universitaires et leurs bailleurs de fonds doivent évaluer de manière critique comment améliorer la productivité générale de la recherche en soutenant des travaux de haute qualité. La diffusion efficace de ces résultats de haute qualité est tout aussi importante ; or il n'est pas évident pour moi que leur publication dans des revues spécialisées à comité de lecture soit le meilleur moyen d'y parvenir.

Les collaborations entre l'université et l'industrie

Comme je l'ai mentionné précédemment, je crois fermement au modèle interactif des collaborations entre chercheurs universitaires et industriels. Celles-ci sont vitales, mais pas sans défi. D'après mon expérience, les meilleurs laboratoires et les entreprises leaders dans les technologies de rupture collaborent, bien qu'ils se heurtent à des obstacles nombreux et importants. Les différences entre leurs structures organisationnelles et leurs méthodes de communication sont des obstacles majeurs. Dans le milieu universitaire, les doctorants et les postdoctorants rendent compte directement à leur chercheur principal, tandis que les chercheurs industriels opèrent souvent à l'intérieur de couches hiérarchiques. Cette différence complique la collaboration et la communication, en particulier en situation de conflit.

De plus, les objectifs académiques et industriels peuvent diverger. Les meilleurs chercheurs aspirent souvent à la reconnaissance de leurs pairs parmi leurs collègues du monde entier, allant même jusqu'à briguer des prix éponymes comme les Nobel et leurs équivalents, tandis que les entreprises privilégient le succès économique. Bien que ces objectifs ne s'excluent pas mutuellement, un désalignement entre les motivations respectives des partenaires peut éroder la confiance nécessaire à une collaboration réussie. Les dirigeants universitaires et les organismes gouvernementaux peuvent et doivent créer des cadres et mobiliser des ressources pour favoriser la confiance et faciliter les collaborations entre les meilleurs chercheurs et technologues.

Le rôle de la capacité d'absorption

Le succès de la traduction des résultats académiques en innovations industrielles est à mon avis étroitement lié à la capacité d'absorption industrielle d'un pays. Cela est particulièrement critique pour les pays petits et moyens. J'ai souvent vu des organismes gouvernementaux investir des montants considérables dans de nouvelles disciplines de recherche, passionnantes et produisant d'excellents résultats, puis ces résultats sous-utilisés en raison d'une capacité d'absorption insuffisante de l'industrie locale. En pareil cas, les bénéfices sont soit perdus, soit exploités ailleurs.

Mon conseil aux bailleurs de fonds de la recherche serait donc le suivant : même si certaines ressources peuvent, certes, être allouées à l'exploration non dirigée de nouvelles technologies et industries, la majorité de vos dépenses de recherche devraient se concentrer sur les domaines où une capacité d'absorption industrielle existe déjà. Une telle approche garantit que votre investissement dans la recherche produira des avantages tangibles pour l'économie locale et se traduira par une croissance du PIB. J'observe que les économies de l'Asie de l'Est décrites par Charlet l'ont bien compris.

Conclusion

L'analyse de Charlet offre des informations précieuses sur l'intersection de la science, de l'innovation et des marchés industriels de rupture. Elle conforte mon appel à la nécessité d'un financement de la recherche mieux ciblé, d'une collaboration plus étroite entre les universités et l'industrie et d'une orientation stratégique visant à tirer parti de la capacité d'absorption d'un pays. En relevant ces défis, nous pouvons maximiser l'impact de la recherche scientifique sur l'innovation et la croissance économique.

3

Chapitre

Des profils nationaux fort distincts

Le Japon, la Chine, la Corée, les États-Unis ou encore les États européens n'investissent pas le processus d'innovation aux mêmes étapes ni avec le même rendement. Ces différences entre pays, manifestes, sont cohérentes sur la totalité des technologies étudiées. Comme si tout était affaire d'efficacité des politiques publiques et des écosystèmes privés, quel que soit le domaine envisagé.

LE POIDS DES PAYS RELEVÉ À CINQ ÉTAPES SUCCESSIVES

Les deux premiers chapitres de cet ouvrage ont montré qu'il était possible d'appréhender le processus d'innovation selon un schéma linéaire et séquentiel, depuis la recherche qui produit des publications scientifiques jusqu'à des dépôts de brevets. Cela nous autorise à segmenter ce flux descendant en différentes étapes, auxquelles nous mesurons les parts respectives des principaux pays étudiés (*cf.* figure 3.1) : *primo* dans les publications scientifiques mondiales tous domaines confondus, *secundo* dans la production académique au sein du **noyau scientifique** de chaque technologie, *tertio* parmi les articles effectivement cités par les brevets de chaque technologie (en d'autres termes parmi les citations NPL des brevets de rupture), *quarto* dans les brevets de rupture citants et *quinto* dans l'ensemble des brevets de rupture.

Noyau scientifique

Chaque article scientifique peut être rattaché à l'une des 27 disciplines académiques que comporte la nomenclature du Conseil européen de la recherche. Le « noyau scientifique » d'une technologie regroupe les 3 disciplines, parmi ces 27, les plus fréquemment représentées par les articles scientifiques cités par les brevets.

LEXIQUE

> « Les pays n'interviennent pas uniformément dans le développement des technologies de rupture. »

fig. 3.1

Les étapes depuis la recherche jusqu'au dépôt de brevet

TOUS DOMAINES CONFONDUS

1. Les pays publient des articles académiques que l'on peut repérer dans la base OST-WoS et trier par domaine.

Indicateur 1 : part des pays dans les publications du WoS

DANS CHACUNE DES 12 TECHNOLOGIES DE RUPTURE

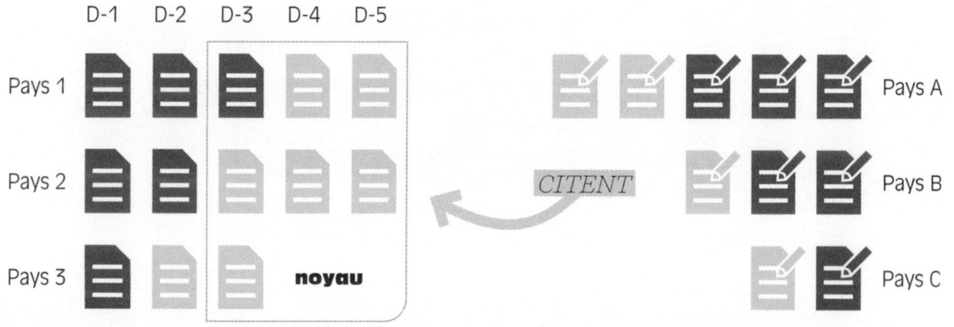

2. Certains de ces articles sont cités par les brevets de rupture. Les trois domaines les plus fréquemment cités forment le « noyau » de chaque technologie. Au sein de ce noyau, on retrouve des articles cités ou non.

Indicateur 2 : part des pays dans le noyau académique de chaque technologie

Indicateur 3 : part des pays parmi les articles effectivement cités en référence par les brevets de rupture, dans chaque technologie

3. Les pays déposent des brevets dans chaque technologie de rupture. Une fraction de ces brevets cite directement des articles en référence.

Indicateur 4 : part des pays dans les brevets « citants », dans chaque technologie

Indicateur 5 : part des pays dans les brevets de rupture, dans chaque technologie

fig. **3.2**

Parts mondiales moyennes de sept pays au cours des étapes successives du processus d'innovation

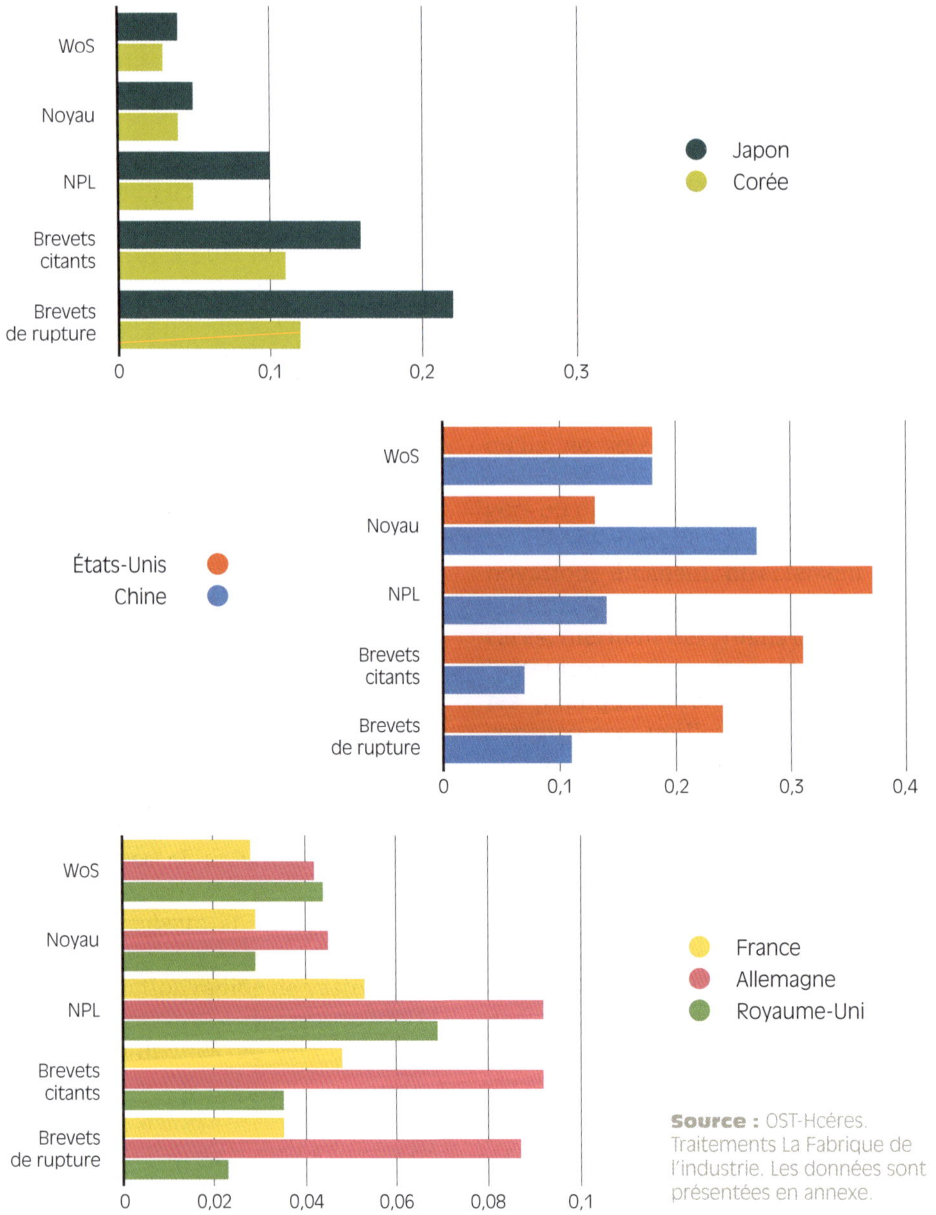

Source : OST-Hcéres. Traitements La Fabrique de l'industrie. Les données sont présentées en annexe.

La figure simplifiée 3.2, ainsi que la figure complète en annexe I, révèlent à quel point ces pays n'interviennent pas uniformément dans le développement des technologies de rupture. Au contraire, leurs parts mondiales varient sensiblement selon les étapes du processus. Commençons par le Japon. Ce pays est à l'origine de 4 % des articles scientifiques référencés dans le corpus total, toutes disciplines confondues. Si l'on restreint la focale au noyau scientifique des technologies de rupture (c'est-à-dire aux trois domaines scientifiques les plus fréquemment cités par les brevets, qui sont des combinaisons singulières de sous-domaines des sciences physiques, de l'ingénieur et du vivant), sa part mondiale s'élève à 5 % en moyenne. Si l'on resserre une nouvelle fois le champ d'analyse et que l'on tient compte uniquement des publications effectivement citées par les brevets (les citations NPL), alors son poids mondial grimpe à 10 %. Poursuivant ce cheminement le long du processus d'innovation, on étudie cette fois les brevets citants, autrement dit le sous-ensemble des brevets de rupture qui citent des articles scientifiques : le poids mondial du Japon monte en ce cas à 16 %. Et si l'on considère, pour finir, l'ensemble des brevets de rupture, il atteint 22 %.

Hormis le tout premier, ces chiffres sont des moyennes calculées sur l'ensemble des technologies étudiées. Or, comme on peut le voir sur la figure complète en annexe I, cet accroissement continu de la part mondiale du Japon se retrouve sur chacune : cette capacité du pays à « monter en puissance » depuis la recherche jusqu'à l'innovation peut être généralisée à tout l'échantillon. On voit également que, avec des parts mondiales certes moins élevées à ces différentes étapes, la Corée présente le même profil : elle joue, elle aussi, un rôle croissant à mesure que l'on se dirige vers l'aval du processus.

Les États-Unis ont un profil radicalement différent. Leur poids mondial dans le corpus total est de 18 %. Si l'on s'en tient au noyau scientifique des technologies, la part mondiale du pays chute à 13 % en moyenne. Mais si on ne parle que de la fraction de ces articles qui sont effectivement cités par les brevets, c'est-à-dire des citations NPL, alors le poids des États-Unis augmente brutalement et représente 37 % du total mondial ! De sorte que, même avec une légère décrue lors des deux dernières étapes de ce processus séquentiel, respectivement pour les brevets citants et la totalité des brevets de rupture, le poids mondial des États-Unis dans les technologies de rupture aboutit à une moyenne de 24 %, ce qui est significativement supérieur à son poids dans l'ensemble des publications scientifiques en début de processus. On retient que le pays occupe une place décisive dans la production de « science brevetable » ou, pour le dire plus précisément, d'articles scientifiques repris par les brevets.

La dernière case du tableau révèle des diagrammes analogues pour les trois pays européens que sont la France, l'Allemagne et le Royaume-Uni. Vus de loin, ces trois pays ont un profil relativement proche de celui des États-Unis, avec toutefois des variations qui ont leur importance. La France représente 2,8 % des publications mondiales et à peu près autant concernant les publications du noyau scientifique des technologies étudiées. Sa part mondiale monte à 5,3 % si l'on se restreint aux articles cités par les brevets : la France affiche donc, comme les États-Unis, une production scientifique attractive aux yeux des déposants de brevets. Malheureusement, elle connaît ensuite deux reculs successifs, quand il s'agit des brevets citants puis de l'ensemble des brevets de rupture, où sa part mondiale retombe à 3,5%. L'Allemagne, qui part d'un peu plus haut (4,2 % des articles scientifiques mondiaux), bénéficie d'une attractivité similaire de ses publications scientifiques pour les déposants de brevets, de sorte qu'elle produit 9,2 % de la littérature citée par les brevets. Mais, à la différence de la France, elle ne cède pratiquement pas de terrain sur l'aval du processus, est finalement à l'origine de 8,7% des brevets de rupture déposés dans le monde, en moyenne sur l'ensemble des technologies de notre échantillon. À l'inverse, le Royaume-Uni dont les publications scientifiques sont là encore très attractives, si on compare son poids mondial dans les citations NPL et celui dans le noyau de chaque technologie, enregistre un repli assez sévère au moment de passer de la science aux brevets, et ne représente plus que 2,3 % du total mondial des brevets de rupture, en moyenne sur les technologies que nous étudions.

La situation de la Chine est très différente. Au départ, son poids dans la science mondiale est très proche de celui des États-Unis, soit 18 % des articles repérés dans le corpus total. La recherche chinoise est manifestement très orientée vers les sciences de l'ingénieur, la physique et la chimie puisque sa position moyenne dans le noyau scientifique des technologies de rupture est nettement plus élevée, autour de 27 %. Pourtant, lorsqu'on se restreint aux articles qui sont effectivement cités par les brevets, alors la part mondiale de la Chine s'effondre littéralement à 14 %. Si l'on en vient aux brevets qui citent des articles scientifiques, elle décroît encore à 7 %. Même en remontant un peu la pente en fin de processus, le pays ne totalise plus que 11 % des brevets de rupture que nous étudions, ce qui est sensiblement inférieur à son poids dans les publications scientifiques mondiales. Tout se passe donc comme si la Chine consentait un effort scientifique très intense, particulièrement dans les domaines qui servent de soubassement scientifique aux technologies de rupture, mais que cette production scientifique ne parvenait ni à convaincre les déposants mondiaux de brevets ni à alimenter une capacité nationale à déposer des brevets de rupture.

fig. **3.3**

Positionnement, pour chaque pays et chaque technologie, selon la part mondiale dans les publications du noyau et la part mondiale dans les citations académiques de brevets

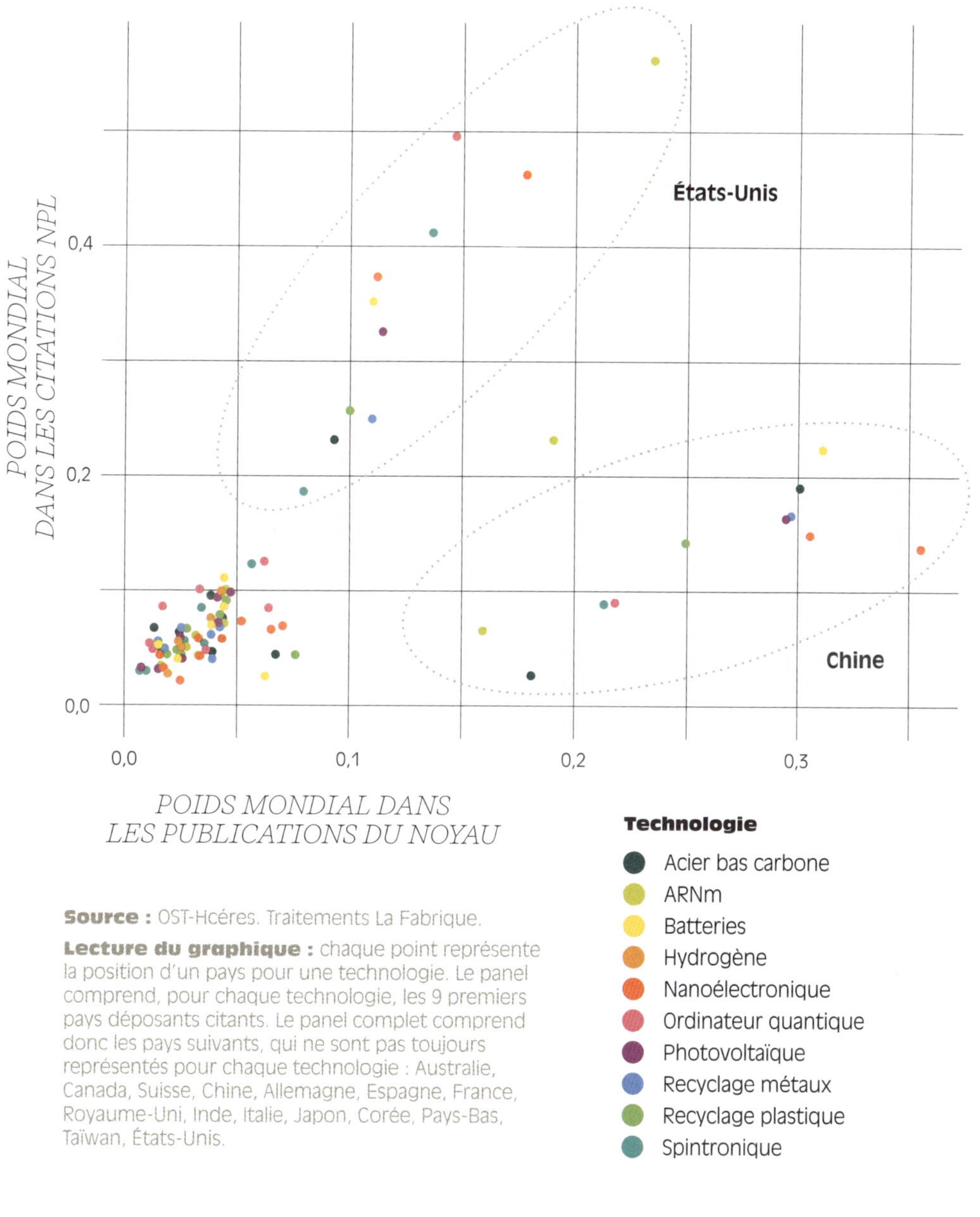

Source : OST-Hcéres. Traitements La Fabrique.

Lecture du graphique : chaque point représente la position d'un pays pour une technologie. Le panel comprend, pour chaque technologie, les 9 premiers pays déposants citants. Le panel complet comprend donc les pays suivants, qui ne sont pas toujours représentés pour chaque technologie : Australie, Canada, Suisse, Chine, Allemagne, Espagne, France, Royaume-Uni, Inde, Italie, Japon, Corée, Pays-Bas, Taïwan, États-Unis.

La figure 3.3 en atteste, qui présente la corrélation entre part mondiale des publications du noyau et part mondiale des citations NPL, pour chaque pays et chaque technologie. On voit en bas à droite du graphique combien la recherche chinoise dans les domaines scientifiques du noyau de chaque technologie est faiblement convertie en citations académiques par les brevets, par contraste avec les autres pays et tout particulièrement avec les États-Unis (sur la partie haute du graphique). Cette observation est cohérente avec les résultats de Gazni et Ghaseminik (*op. cit.*), qui portent sur les brevets déposés auprès de l'office américain et ayant un impact technologique élevé (c'est-à-dire faisant partie du top 1% en matière de citations reçues d'autres brevets), sur la période 2012-2016.

En résumé, ces sept pays affichent des atouts relatifs qui sont à la fois variables selon les étapes du processus d'innovation et relativement stables d'une technologie à l'autre. Ce constat nous oriente vers l'idée que certains des systèmes nationaux d'innovation, combinant politiques publiques et capacités industrielles, sont plus efficaces que d'autres à ces différentes étapes, presque indépendamment des technologies considérées. Il apparaît ainsi que les États-Unis, et avec eux les trois pays européens étudiés, présentent un avantage comparatif dans la phase amont du processus, lorsqu'il s'agit d'extraire de leur production scientifique un sous-ensemble d'articles utiles et pertinents pour les déposants de brevets. Au contraire, le Japon et la Corée parviennent à augmenter leur part mondiale à chaque étape, à mesure que l'on s'éloigne de la science et que l'on se rapproche du marché. Comme on va le voir dans les pages suivantes, le découplage science-marché semble assez patent dans les pays occidentaux, tandis qu'on peut avancer l'idée d'un meilleur alignement entre les efforts public et privé d'innovation au Japon et en Corée. La Chine, quant à elle, semble aujourd'hui dans une position intermédiaire, marquée par un effort spectaculaire de publication scientifique dans les domaines concernés, mais qui peine encore aujourd'hui à convaincre les déposants internationaux de brevet. Nous ne disposons pas d'éléments robustes pour affirmer si cela est en train d'évoluer (hormis le fait qu'elle est très active dans les dépôts de brevets).

DES CARACTÉRISTIQUES NATIONALES OBSERVABLES SUR TOUTES LES TECHNOLOGIES

Nous reproduisons ici les résultats principaux de l'annexe L, qui vise à examiner séparément la portée de deux effets : l'effet « pays » et l'effet « technologie ». Comme introduit plus haut, l'hypothèse d'un effet « pays » s'appuie sur l'idée que les relations

Excellence

On appelle ici « excellence », pour une technologie et un pays donnés, le rapport entre sa part mondiale des articles cités par les brevets et sa part mondiale des articles du noyau de la technologie.
Un indicateur d'excellence peut ensuite être retenu pour chaque pays, comme la moyenne des valeurs observées pour sur les douze technologies.

LEXIQUE

entre nos données varient significativement d'un pays à l'autre, pour différentes raisons possibles : l'efficacité de leurs politiques et institutions publiques et de leurs écosystèmes privés, une somme d'effets géographiques imputables à la taille des pays étudiés, des affinités linguistiques ou culturelles plus développées entre certains pays... Cette hypothèse est tacitement admise chaque fois qu'un exercice de benchmarking encourage un État à s'inspirer de « bonnes pratiques » repérées à l'étranger. En complément, l'hypothèse d'un effet « technologie » énonce que ces corrélations varient significativement d'une technologie à l'autre du fait des caractéristiques intrinsèques des secteurs économiques et scientifiques concernés : l'intensité en connaissances de pointe, les coûts fixes et les durées minimales d'investissement à consentir pour parvenir à une innovation solvable, le rythme d'entrée des nouveaux concurrents, l'intensité capitalistique... Toutes choses qui, on le sait, varient éminemment d'un marché à l'autre. La notion de « régime technologique » a précisément été forgée pour illustrer cette idée que toutes les technologies ne pouvaient pas avoir le même métabolisme ni les mêmes leviers d'activation, ce qui complique d'autant l'analyse comparative des politiques publiques entre pays. Comme nous allons le voir étape par étape, l'effet « pays » apparaît significatif dans toutes les corrélations testées, tandis que l'effet « technologie » ne l'est que très rarement.

En premier lieu, on examine dans quelle mesure, pour chaque pays et chaque technologie, l'effort de recherche dans les domaines du noyau est converti en un grand nombre de citations NPL - reflet d'un critère que nous nommons **excellence**. Le tableau L-1 indique que le coefficient de la corrélation entre ces deux grandeurs[27] varie très significativement d'un pays à l'autre, mais pas d'une technologie à l'autre : l'hypothèse d'un effet « pays » est donc validée, tandis que celle d'un effet « technologie » est rejetée. La Chine et la Corée étant prises ici pour pays de référence, la France et le Japon se détachent avec des coefficients de corrélation un peu plus élevés, puis l'Allemagne, et enfin les États-Unis et le Royaume-Uni avec les pentes les plus prononcées. Ce critère de l'excellence est sans nul

27— Il s'agit donc de la corrélation entre la part mondiale des publications du noyau (variable explicative) et la part mondiale des citations NPL de brevets (variable dépendante), pour chaque pays et chaque technologie.

> « C'est dans la transformation de son effort de recherche en innovation de rupture que la faiblesse européenne est la plus manifeste. »

doute une caractéristique distinctive des puissances scientifiques anglo-saxonnes[28].

On se demande en deuxième lieu dans quelle mesure les dépôts de brevets de rupture qui s'appuient explicitement sur la science (les brevets citants) sont corrélés aux publications d'articles cités par des brevets (les citations NPL), ce que nous appelons **cohérence**. Comme dans le cas précédent, le tableau L-2 montre que les termes de la corrélation entre ces deux grandeurs[29] ne varient pas significativement d'une technologie à l'autre mais très significativement d'un pays à l'autre. À nouveau, l'hypothèse d'un effet « pays » est la seule validée ici.

L'ordre des pays n'est pas le même en revanche : les économies française, britannique et chinoise ont une propension à déposer des brevets

Cohérence

On appelle « cohérence », pour une technologie et un pays donnés, le rapport entre la part mondiale des brevets citants et la part mondiale des articles cités par les brevets. Un indicateur de cohérence peut ensuite être retenu pour chaque pays, comme la moyenne des valeurs observées sur les douze technologies.

LEXIQUE

28— On donne ici le même nom et la même signification à deux indicateurs différents. Le critère de l'excellence, tel qu'il est défini en début de paragraphe et repris dans le tableau synthétique de fin de chapitre, est un ratio entre deux parts mondiales : pour chaque pays et chaque technologie d'abord, puis pour chaque pays en moyenne sur l'ensemble des technologies étudiées. D'autre part, l'analyse des covariances contenue dans l'annexe L et dont les conclusions sont présentées ici vise à distinguer de possibles effets « pays » et « technologie » : elle porte donc sur le coefficient de corrélation entre ces mêmes parts mondiales. Assimiler ces deux définitions revient à faire abstraction des termes constants des régressions (les ordonnées à l'origine). Comme on peut le voir en annexe L, cette approximation arithmétique ne fausse pas les interprétations.

29— Il s'agit donc de la corrélation entre la part mondiale des citations NPL (variable explicative) et la part mondiale de brevets citants (variable dépendante), pour chaque pays et chaque technologie.

citants à peu près indépendante de leur poids dans les citations NPL. Les industriels allemands, curieusement, déposent volontiers des brevets citants faisant appel à des domaines scientifiques où la recherche allemande est plutôt moins présente - la pente est négative (peut-être est-ce là un artefact lié à l'échantillon de technologies retenues). De leur côté, les entreprises américaines, japonaises et coréennes ont une propension à déposer des brevets citants très fortement alignée sur la tendance des laboratoires nationaux à publier des articles qui seront repris par des brevets. C'est sans doute à cette étape-là que la faiblesse européenne pour transformer son effort de recherche en innovations de rupture est la plus manifeste.

Passage à l'échelle

On appelle « passage à l'échelle », pour une technologie et un pays donnés, le rapport entre la part mondiale des brevets de rupture et la part mondiale des brevets citants. Un indicateur peut ensuite être retenu pour chaque pays, comme la moyenne des valeurs observées sur les douze technologies.

LEXIQUE

En troisième lieu, on teste la corrélation entre la part mondiale des brevets citants et la part mondiale des brevets de rupture, en lien avec un critère que nous appelons **passage à l'échelle** (tableau L-3). Comme dans les deux cas précédents, l'hypothèse d'un effet « technologie » n'est pas validée. On remarque toutefois qu'il n'y a pas non plus de différence manifeste dans les coefficients de corrélation d'un pays à l'autre lors de cette dernière étape.

Nous menons ensuite deux derniers tests, qui exploitent cette fois des indicateurs relatifs, autrement dit des indicateurs d'intensité : publications ou brevets par habitant, indice de spécialisation scientifique... Il s'agit là d'évacuer un biais possible dû à la taille des économies étudiées[30].

30— Si un pays représente 15 % du PIB mondial, on pourrait s'attendre à ce qu'il représente à peu près 15 % de toutes les variables étudiées, ce qui ferait apparaître des corrélations artificielles entre des variables en réalité toutes dépendantes de la taille de l'économie.

Le premier de ces deux tests consiste à se demander si un effort de recherche orienté de manière plus que proportionnelle dans un domaine donné (autrement dit un indice de spécialisation élevé d'un pays dans ce domaine) se traduit par une production plus élevée par habitant d'articles du même domaine qui seront cités par des brevets - critère que nous appelons **sélectivité** (*cf.* tableau L-4). Comme dans les cas précédents, l'hypothèse d'un effet « technologie » n'est pas validée (sauf pour le cas particulier de l'ARN messager, peut-être à cause de l'influence des États-Unis), tandis que celle d'un effet « pays » est confirmée, quoique modestement significative[31]. Pour la Chine, le Japon, la France et l'Allemagne, la droite est presque horizontale : le nombre par habitant des citations académiques de brevets n'est pas favorisé par la spécialisation du pays dans les domaines concernés. Pour la Corée, les États-Unis et le Royaume-Uni, en revanche, la pente est nettement positive : plus la recherche de ces pays est spécialisée dans les domaines scientifiques du noyau, plus le nombre par habitant des citations NPL de brevets est élevé.

La dernière corrélation testée ici, en guise de synthèse, est celle que l'on peut observer entre le nombre par habitant de citations académiques de brevets et le nombre par habitant de brevets de rupture (tableau L-5). Les deux effets « pays » et « technologie » sont confirmés ici, même si le premier des deux est plus significatif que le second. Les quatre pays occidentaux (France, Allemagne, Royaume-Uni et États-Unis) ont des droites quasi horizontales : leur nombre par habitant de brevets de rupture n'est pas plus élevé dans les technologies pour lesquelles ils affichent une excellence scientifique particulière, mesurée en nombre par habitant de citations NPL. La Chine et, plus nettement encore, la Corée et le Japon présentent des pentes ascendantes : leur nombre par habitant de brevets de rupture est positivement corrélé à leur nombre par habitant de citations académiques de brevets. On serait tenté de conclure que, dans ces trois pays, les efforts d'innovation public et privé sont davantage alignés que dans les pays occidentaux où ils s'appréhendent indépendamment l'un de l'autre. Sans surprise, la pente apparaît donc particulièrement ascendante dans les domaines de l'hydrogène, du photovoltaïque et des batteries.

Sélectivité

On appelle « sélectivité », pour une technologie et un pays donnés, le rapport entre le nombre par habitant d'articles scientifiques cités par des brevets et l'indice pondéré de spécialisation du pays dans les trois domaines scientifiques du noyau.

LEXIQUE

31— Il est question, en l'occurrence, de la corrélation entre la spécialisation relative d'un pays donné dans les trois domaines scientifiques du noyau d'une technologie (variable explicative) et le nombre par habitant de citations académiques reprises dans les brevets de la technologie en question (variable dépendante).

L'AVIS DE VICTOIRE DE MARGERIE

PRÉSIDENT EXÉCUTIF DE RONDOL, MEMBRE DU CONSEIL D'ORIENTATION DE LA FABRIQUE DE L'INDUSTRIE

CETTE ÉTUDE PROPOSE UNE ANALYSE TRÈS INTÉRESSANTE sur la façon dont naissent les innovations de rupture aux États-Unis, en Chine, en Europe et bien sûr en France. Il me paraît important d'ajouter trois observations et idées d'amélioration qui pourraient offrir à la France la possibilité d'aller aussi vite que les États-Unis pour générer ces innovations de rupture, et aussi vite que la Chine pour les passer en mode industriel.

1. Un point très important de la conclusion de cette Note est l'absence d'objectif d'impact de nombreux projets de recherche en France. On recherche pour publier dans les bonnes revues ou pour déposer des brevets, mais il n'y a souvent pas d'objectif simple de «rupture», comme la réduction des coûts d'exploitation ou de l'intensité capitalistique et, bien sûr, l'amélioration de la performance du produit ou du procédé (par exemple : diminuer la consommation d'énergie du stockage des données, réduire la consommation d'eau associée à l'extraction minière, abaisser le poids de la batterie…). Ce sont pourtant ces impacts-là qui permettront à la recherche de donner naissance à une activité industrielle rentable.

2. On considère souvent en France que la recherche – et ensuite l'innovation – ne peut venir que d'une même catégorie de personnes : des ingénieurs entre 20 et 40 ans. On manque totalement de considération pour les travaux provenant d'autres profils (autres diplômes, non-diplômés, personnes âgées de plus de 40 ans…). On perd là un vivier de talents, qui partent innover ou créer leur entreprise à l'étranger, ou qui restent en France sans contribuer à leur juste valeur.

3. Enfin, quand on identifie une innovation à impact portée par un bon entrepreneur, celui-ci perd un temps incroyable à remplir des demandes de subvention. Il serait plus efficace de l'aider à développer des *proofs of concepts* avec des vrais clients industriels. C'est après avoir cherché des subventions sans succès et grâce au développement de *proofs of concepts* avec Seqens en France, YKK au Canada ou Daikin en Allemagne, que ma start-up de deep tech fait progresser sa recherche et offre des solutions industrielles de meilleurs soins aux patients ou clients, et ce à moindre coût.»

fig. **3.4**

Caractérisation synthétique du profil de sept pays aux différentes étapes du processus séquentiel d'innovation de rupture

Lecture des données : la *focalisation* d'un pays désigne le ratio entre sa part mondiale moyenne dans le noyau scientifique des douze technologies de rupture et sa part mondiale dans le corpus total (OST-WoS), toutes disciplines confondues. L'*excellence* désigne, dans chaque technologie, le ratio entre sa part mondiale des citations académiques de brevets et sa part mondiale des publications dans le noyau. La sélectivité d'un pays est donnée par la pente de la droite de régression entre le nombre par habitant de citations NPL et l'indice de spécialisation relative, (*cf.* tableau L-4, en annexe L). La *cohérence* d'un pays désigne le ratio entre sa part mondiale de brevets citants et sa part mondiale de citations académiques de brevets. Enfin, le *passage à l'échelle* désigne pour un pays donné le ratio entre sa part mondiale de brevets de rupture et sa part mondiale de brevets citants.

Les données ont été normalisées dans la figure ci-contre.

	É-U	*R-U*	*JAP*	*COR*	*CHN*	*FRA*
Focalisation : concentre sa production scientifique dans les disciplines du noyau	– (0,8)	– (0,7)	+ (1,3)	++ (1,6)	++ (1,5)	0 (1,0)
Excellence : fait émerger des publications fécondes de sa production scientifique	++ (2,8)	++ (2,4)	++ (2,0)	+ (1,2)	– – (0,5)	+ (1,8)
Sélectivité : se spécialise sur ses domaines scientifiques d'excellence	+ (57,6)	++ (71,2)	0 (–1,8)	+ (44,2)	0 (0,5)	0 (7,8)
Cohérence : aligne les efforts technologiques avec la production scientifique	– (0,8)	– – (0,5)	+ (1,6)	++ (2,1)	– – (0,5)	– (0,9)
Passage à l'échelle : génère des brevets de rupture à partir de brevets citants	– (0,8)	– (0,7)	+ (1,4)	+ (1,1)	0 (0,9)	– (0,7)

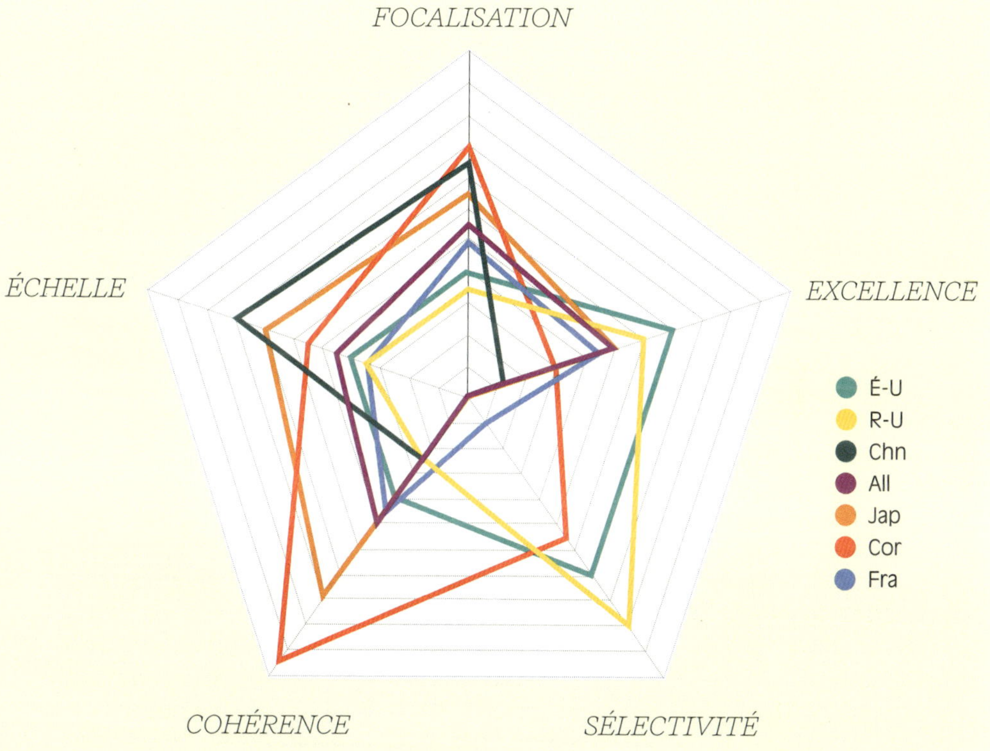

Note : Tous ces critères sont constitutifs de la capacité des États à obtenir in fine une part mondiale élevée de dépôts des brevets dans les technologies de rupture à partir de leur poids mondial dans la production scientifique. D'un point de vue arithmétique, on peut même écrire par construction la formule suivante :

$$\frac{\textit{part mondiale dans les brevets de rupture}}{\textit{part mondiale dans la production scientifique}} = \textit{focalisation x excellence x cohérence x passage à l'échelle}$$

« La position relative des pays ne correspond pas aux indicateurs habituels d'excellence en bibliométrie : en particulier les positions de la Chine, du Japon et de la France. Cela s'explique peut-être par un biais disciplinaire dû au choix des technologies de l'échantillon. »

Frédérique Sachwald, directrice de l'OST

EXCELLENCE ANGLO-SAXONNE VERSUS COHÉRENCE ASIATIQUE ?

La figure 3.4 propose une expression synthétique des résultats précédents, sous la forme d'une combinaison de critères. Ont déjà été définis plus haut ceux de l'*excellence*, de la *sélectivité*, de la *cohérence* et du *passage à l'échelle*. On ajoute encore le critère de la focalisation, qui désigne la propension d'un pays à concentrer sa production scientifique dans les disciplines utiles aux technologies : il s'agit du ratio entre sa part mondiale moyenne dans le noyau scientifique des différentes technologies et sa part mondiale dans le Web of Science, toutes disciplines confondues.

Ces indicateurs sont proposés ici pour les sept pays étudiés précédemment et schématisés sous forme d'un radar. On y retrouve visuellement ce que les analyses précédentes expriment.

Premièrement, le Royaume-Uni et les États-Unis se distinguent par leur aptitude à combiner excellence et sélectivité : leur appareil de recherche est donc capable de produire une quantité élevée d'articles scientifiques qui s'avéreront utiles aux déposants de brevets.

Deuxièmement, la Corée, qui bénéficie également d'une sélectivité élevée, détient surtout une position remarquable sur les critères de cohérence et de focalisation : l'alignement est très fort entre les efforts technologiques de son industrie et les efforts scientifiques de son système de recherche, par ailleurs assez fermement centrés sur les domaines scientifiques du noyau des technologies[32]. On peut ajouter, en lisant le tableau, qu'elle est la seule à ne jamais présenter un score en-deçà de la moyenne sur aucun des critères.

Troisièmement, le Japon affiche lui aussi un score comparativement élevé sur les deux critères de cohérence et de focalisation, auxquels il convient d'ajouter une capacité de passage à l'échelle impressionnante ainsi qu'un score appréciable sur le critère de l'excellence. La Chine se distingue aux deux extrémités du processus, sur les critères de focalisation et de passage à l'échelle. Par comparaison avec ces pays, la France et l'Allemagne sont en retrait sur tous les critères.

32— Ces situations d'alignement ou au contraire de désalignement, dans chaque pays, entre les domaines des articles scientifiques publiés et ceux des brevets déposés reflètent en partie des structures sectorielles héritées de longue date. Le propos n'est pas ici de les attribuer entièrement à l'efficacité à court terme des politiques publiques.

L'AVIS DE SIR VINCE CABLE

ANCIEN SECRÉTAIRE D'ÉTAT AUX AFFAIRES,
À L'ÉNERGIE ET À LA STRATÉGIE INDUSTRIELLE
DU ROYAUME-UNI (2010-2015)

JE TROUVE CETTE RECHERCHE TRÈS INTÉRESSANTE. Elle fournit des preuves puissantes à l'appui des inquiétudes que l'on peut nourrir concernant un «paradoxe européen» et plus particulièrement un «paradoxe français» : une science de haute qualité et une innovation médiocre. L'utilisation des données de brevets pour mesurer les progrès de l'innovation dans les technologies de rupture s'avère être un bon moyen de quantifier et de tester les arguments. Au Royaume-Uni, nous sommes habitués à ce phénomène, le «paradoxe» étant notamment britannique. Nous sommes fiers de la qualité de notre recherche scientifique et nous nous en voulons de la laisser se faire siphonner pour donner naissance à des innovations commercialement réussies en d'autres endroits de la planète.

En fait, certains travaux récents sur les citations scientifiques montrent que la science britannique vit de sa réputation, mais qu'elle n'est pas si impressionnante en réalité. Si l'on se penche sur le cas de l'IA, presque toute la science de qualité provient de DeepMind*. Pour ce qui est de la biologie synthétique, c'est dans le laboratoire MRC-LMB** que se produisent les avancées majeures. À Cambridge, il n'y a pas grand-chose d'autre. Il y a moins d'ambiguïté sur notre piètre bilan en matière d'innovation.

Les principales contraintes, à mesure que nous nous déplaçons en aval, sont le manque de financement public pour les preuves de concept (PoC) et les essais par le secteur privé de faire croître des start-up à succès, face au court-termisme de nos marchés de capitaux. Je le vois au quotidien, en tant que président d'une société consacrée à l'usage de l'hydrogène dans les transports : prospère jusqu'à présent, elle ne parvient pas à lever des capitaux pour se développer et doit périodiquement supplier sa communauté d'actionnaires de la laisser en activité. Ma seule suggestion pour la suite de vos travaux serait d'aller au-delà du bloc européen et d'examiner par exemple séparément les pays nordiques, en particulier le Danemark et la Finlande, qui semblent être très bons pour produire des entreprises de croissance à succès, y compris dans les technologies de rupture (par exemple, l'éolien offshore), quoiqu'à partir d'une base scientifique très mince.

* Google DeepMind est une entreprise spécialisée dans l'intelligence artificielle. Fondée en 2010 et originellement appelée DeepMind Technologies Limited, elle a été rachetée en 2014 par Google (pour plus de 628 millions de dollars). En avril 2023, la section «Brain» de Google Research et DeepMind ont fusionné pour devenir Google DeepMind. (source Wikipedia)
** Le laboratoire de biologie moléculaire du Medical Research Council (MRC-LMB) est un laboratoire de recherche, destiné à la compréhension de processus biologiques intervenant au niveau moléculaire et pouvant s'avérer utiles pour résoudre des problèmes majeurs de santé humaine et de maladie. Le LMB est l'un des berceaux de la biologie moléculaire moderne. De nombreuses techniques y ont été mises au point, notamment le séquençage de l'ADN ou encore le développement d'anticorps monoclonaux. (source : site web du LMB)

Point
de vue

par **Joonmo Ahn**

Le brouillage de la frontière entre la science et le marché

Joonmo Ahn
est professeur à la faculté
d'administration publique
de l'université de Corée, Séoul.

Je tiens à remercier l'auteur de me donner l'occasion de lire ce livre et d'en commenter le contenu. Cette étude aborde une question posée de longue date (« comment un pays peut-il promouvoir l'innovation de rupture ? ») en utilisant d'immenses volumes de données relatives aux publications scientifiques et à leurs interconnexions avec les brevets. À l'échelle mondiale, cette étude montre clairement ce qui manque à la France par rapport à d'autres pays européens, aux États-Unis, à la Chine ou aux pays asiatiques (Corée et Japon). Bien que l'on puisse émettre des réserves sur l'usage des macro-données propres aux publications et aux brevets, en ce sens que ces informations ne peuvent pas rendre pleinement compte de la nature sophistiquée des processus d'innovation, le fait que cette étude ait tenté de démontrer empiriquement l'existence d'un lien entre publications universitaires et brevets industriels est à mon sens l'une de ses contributions les plus importantes. De toute évidence, la recherche brevetable est un élément essentiel de l'innovation, quelle que soit la validité du modèle linéaire traditionnel : des politiques publiques efficaces et appropriées doivent donc être élaborées et mises à profit pour promouvoir l'innovation de rupture.

Cela dit, si l'auteur entend poursuivre son travail, j'aimerais suggérer les commentaires et axes d'amélioration suivants à son intention. Premièrement, il pourrait être nécessaire de considérer l'avènement de ce que l'on appelle « l'économie de la science », si l'on songe par exemple à la mécanique quantique ou à la biologie synthétique avancée. La plupart des technologies, y compris les technologies de rupture, ont suivi un processus de développement étape par étape, comme le suggère le modèle linéaire de l'innovation, depuis la recherche fondamentale jusqu'au développement commercial. Aujourd'hui cependant, certaines disruptions technologiques passent directement du laboratoire scientifique au produit commercialisé en court-circuitant les étapes intermédiaires du processus d'innovation usuel. IonQ - une entreprise d'informatique quantique créée par des chercheurs universitaires - est un bon exemple de ce brouillage de la frontière entre la science et l'économie.

Deuxièmement, l'auteur pourrait fournir une justification plus solide du choix des douze technologies de rupture. De mon point de vue, certaines technologies étudiées sont effectivement disruptives, par exemple dans le domaine du quantique, mais cela est plus discutable pour d'autres. Il me semble que l'échantillon fait la part belle aux « technologies propres ». L'auteur aurait pu clarifier ses critères de sélection des douze technologies étudiées ou encore se fier aux domaines les plus fréquemment évoqués par des panels d'experts de tout premier plan mondial.

Dans la foulée de cette deuxième remarque, je pense que les technologies numériques sont sous-représentées dans ce panel. En tout premier lieu, l'intelligence artificielle, qui est en train de bouleverser le paysage de l'innovation, n'est pas étudiée parmi ces douze ruptures technologiques.

Quatrièmement, s'agissant de la circulation mondiale des connaissances et du fait de l'existence de relations tout à fait singulières entre les pays membres de l'UE, la comparaison directe des flux transnationaux de citations peut conduire à des interprétations biaisées. Par exemple, les flux de connaissance considérés depuis la France n'ont probablement pas la même topologie que leurs équivalents vus depuis la Corée ou le Japon, ces deux pays n'appartenant ni à l'UE ni à aucun ensemble supranational comparable.

Cinquièmement, les récents conflits commerciaux entre les États-Unis et la Chine ont amorcé un découplage mondial des technologies de pointe, notamment dans le domaine des semi-conducteurs. Les États-Unis ont adopté des lois strictes, telles que le Chips Act ou encore l'IRA, pour exercer un contrôle minutieux des exportations à l'encontre de la Chine. Pendant ce temps, on trouve des universitaires allemands pour défendre le concept de « souveraineté technologique ». Cette tendance peut conduire au protectionnisme dans de nombreux pays, et pourrait à terme fausser ou compromettre les données mondiales sur les publications et les brevets.

Sixièmement et enfin, comme indiqué par l'auteur dans son ouvrage, la Corée suit manifestement une trajectoire tout à fait unique en matière de développement de l'innovation. On peut en déduire ce que sont probablement les moteurs essentiels de la performance des pays en la matière : la pression géopolitique (plus précisément la concurrence avec la Chine et le Japon), une structure productive très orientée vers l'industrie manufacturière, un fort appétit national pour les formations supérieures, et le choix de prendre pour références les politiques américaines et japonaises.

4

Chapitre

La circulation mondiale des connaissances

Dans toutes les technologies de rupture, la connaissance circule entre auteurs d'articles et déposants de brevets sur un marché mondial très ouvert, de sorte que les déposants citent principalement des articles étrangers à leur propre pays. Chaque pays pourrait donc envisager comme deux atouts indépendants la capacité de sa recherche à produire une science brevetable et celle de ses entreprises à puiser aux meilleures sources scientifiques du monde.

DES FLUX TRANSNATIONAUX DE LA SCIENCE VERS LA TECHNOLOGIE

Ce chapitre[33] est consacré à l'analyse des flux de citations. On se dote pour cela des définitions suivantes. On appelle *évaporation scientifique*, pour un pays et une technologie donnés, la part que représentent les brevets étrangers dans les citations des articles issus des laboratoires nationaux. Il s'agit alors d'apprécier à quel point la science domestique « échappe » aux déposants du même pays, alimentant ainsi les efforts étrangers d'innovation.

En sens contraire, on nomme *captation scientifique*, toujours pour un pays et une technologie donnés, la part que constituent les articles étrangers dans les publications citées par les brevets domestiques. Il est ici question de mesurer l'attrait des déposants domestiques pour ces sources scientifiques étrangères.

La figure 4.1 représente, pour 12 pays et 10 technologies, les coefficients d'évaporation et de captation scientifiques. Les pays sont répartis en abscisse ; pour chacun d'eux, les 10 valeurs prises par les coefficients d'évaporation et de captation, au gré des technologies étudiées, sont synthétisées sous la forme de « boîtes à moustache »[34].

33— Ce chapitre est fondé sur les résultats détaillés contenus dans l'annexe J à cet ouvrage.

34— Dans chaque boîte, le trait central représente la valeur médiane de l'échantillon (le 50e percentile) et le rectangle blanc l'espace entre le 25e et le 75e percentile, également appelé « intervalle interquartile » (IQR en anglais). Les traits noirs de part et d'autre de cette boîte (les « moustaches ») prolongent celle-ci d'une longueur représentant 1,5 fois l'IQR, résumant ainsi la plage de valeurs au sein de laquelle sont théoriquement attendues la totalité des valeurs. Plus précisément, chaque moustache s'étire jusqu'à atteindre la dernière valeur observée à l'intérieur de cette plage de 1,5 IQR. Les valeurs dites extrêmes ou aberrantes, en deçà ou au-delà des moustaches, sont représentées par des points.

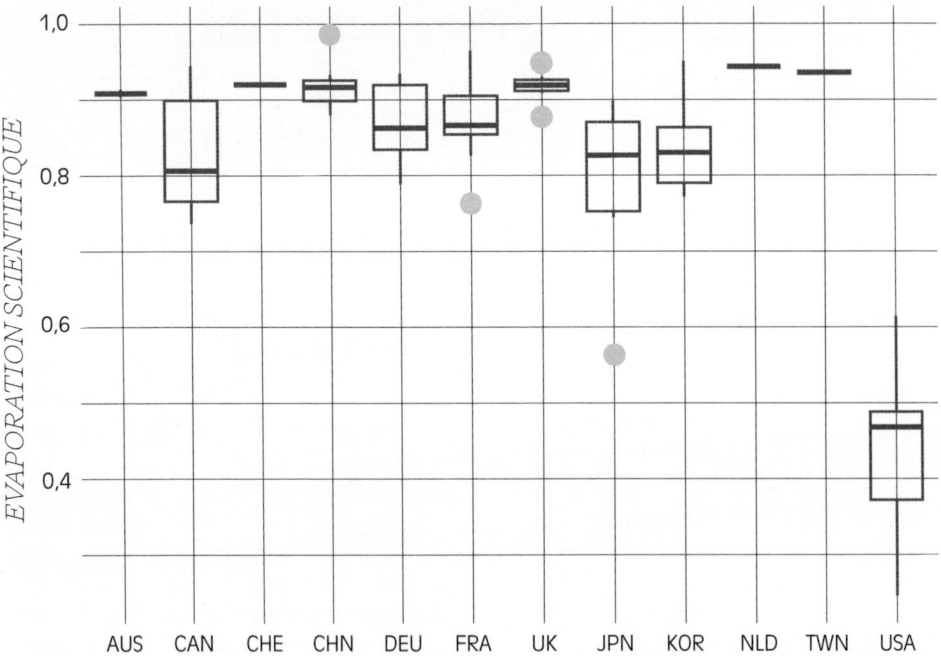
1,0
0,8
0,6
0,4
EVAPORATION SCIENTIFIQUE
AUS CAN CHE CHN DEU FRA UK JPN KOR NLD TWN USA

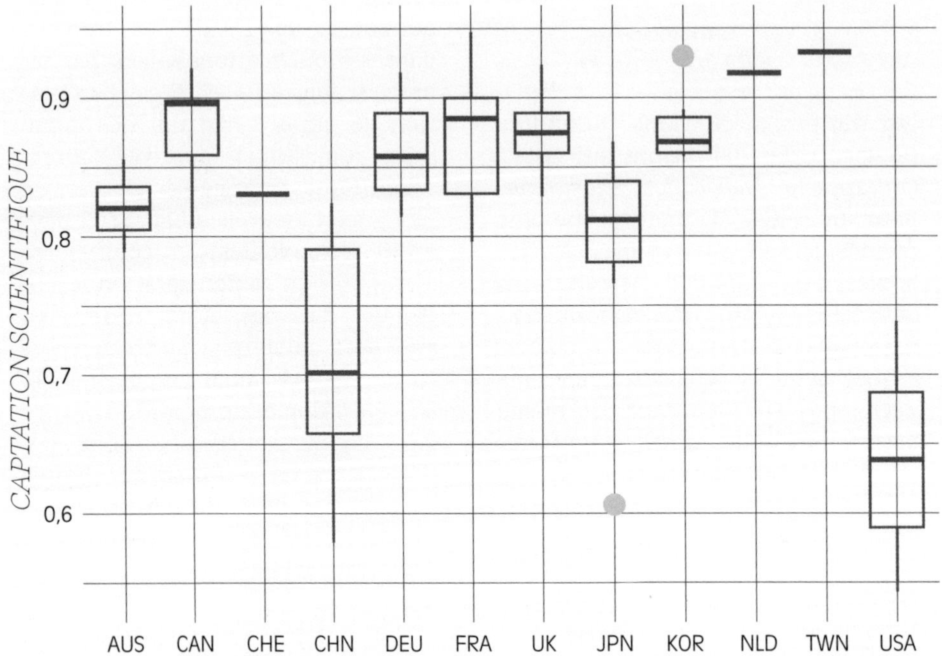
0,9
0,8
0,7
0,6
CAPTATION SCIENTIFIQUE
AUS CAN CHE CHN DEU FRA UK JPN KOR NLD TWN USA

fig. 4.1

Taux d'évaporation et de captation scientifiques pour l'ensemble des technologies étudiées sur un panel de 12 pays

Source : OST-Hcéres. Traitements La Fabrique.

Note : le panel comprend, pour chaque technologie, les 9 premiers pays publiants et les 9 premiers pays déposants citants. Le panel complet comprend donc les pays suivants, qui ne sont pas toujours représentés pour chaque technologie : Australie, Canada, Suisse, Chine, Allemagne, France, Royaume-Uni, Japon, Corée, Pays-Bas, Taïwan, États-Unis.

Lecture des données : en Australie, les taux d'évaporation scientifique calculés pour chacune des technologies disponibles sont compris dans un intervalle allant de 90 à 92 % et les taux de captation scientifique sont compris dans un intervalle allant de 79 à 86 %.

On constate que, sur l'ensemble des technologies étudiées, le coefficient d'évaporation scientifique est très élevé, majoritairement entre 80 % et 90 % pour tous les pays, à l'exception des États-Unis où il se situe entre 40 % et 50 %. De même, le taux de captation scientifique est très élevé, là encore situé en majorité entre 80 % et 90 %, sauf pour la Chine (entre 65 % et 80 %) et les États-Unis (entre 60 % et 70 %). En définitive, quels que soient le pays et la technologie considérés, les publications scientifiques issues des laboratoires domestiques bénéficient dans leur immense majorité aux déposants étrangers de brevets de rupture.

LES PETITS PAYS, EXPORTATEURS DE SCIENCE

On confirme la corrélation robuste entre captation et évaporation scientifiques, dans la figure 4.2 et les calculs détaillés du tableau J-2 en annexe, après avoir exclu la Chine de l'échantillon. Le fait que les déposants d'un pays donné puisent beaucoup à des sources scientifiques étrangères (aboutissant par là à un taux de captation élevé) n'est donc pas le signe que sa science domestique est de qualité insuffisante et qu'elle serait dénigrée par les entreprises étrangères, bien au contraire.

En observant attentivement ce graphique, on note également que les grands pays - et principalement les

États-Unis - se comportent en termes relatifs en importateurs nets de science à l'égard du reste du monde : leur taux de captation atteint dans certaines technologies le double de leur taux d'évaporation. En complément, comme le montre le graphique J-3 en annexe, on relève que le taux d'évaporation scientifique est une fonction significativement décroissante de la part mondiale des citations NPL. Autrement dit, moins un pays publie d'articles scientifiques repris par les brevets, plus il « perd » une part importante de ce qu'il publie au profit de déposants étrangers.

> « Moins un pays publie d'articles scientifiques repris par les brevets, plus il « perd » une part importante de ce qu'il publie au profit de déposants étrangers. »

À ce stade, on a alors besoin d'une troisième définition : on appelle *bilan import-export*, pour un pays et une technologie donnés, le ratio entre le nombre de citations « entrantes » (quand des publications étrangères sont citées par des brevets domestiques) et le nombre de citations « sortantes » (quand des publications domestiques sont citées par les brevets étrangers). Ainsi qu'on peut l'observer sur le second graphique de cette figure et sur le tableau J-4 en annexe, ce bilan import-export de citations est significativement et négativement corrélé au taux d'évaporation, et descend au-dessous du seuil de l'unité pour les abscisses les plus élevées. En d'autres termes, les petits pays, qui ont un taux d'évaporation élevé, sont exportateurs nets de science.

fig. **4.2**

Régression linéaire entre évaporation et captation scientifiques sur 10 technologies et 11 pays

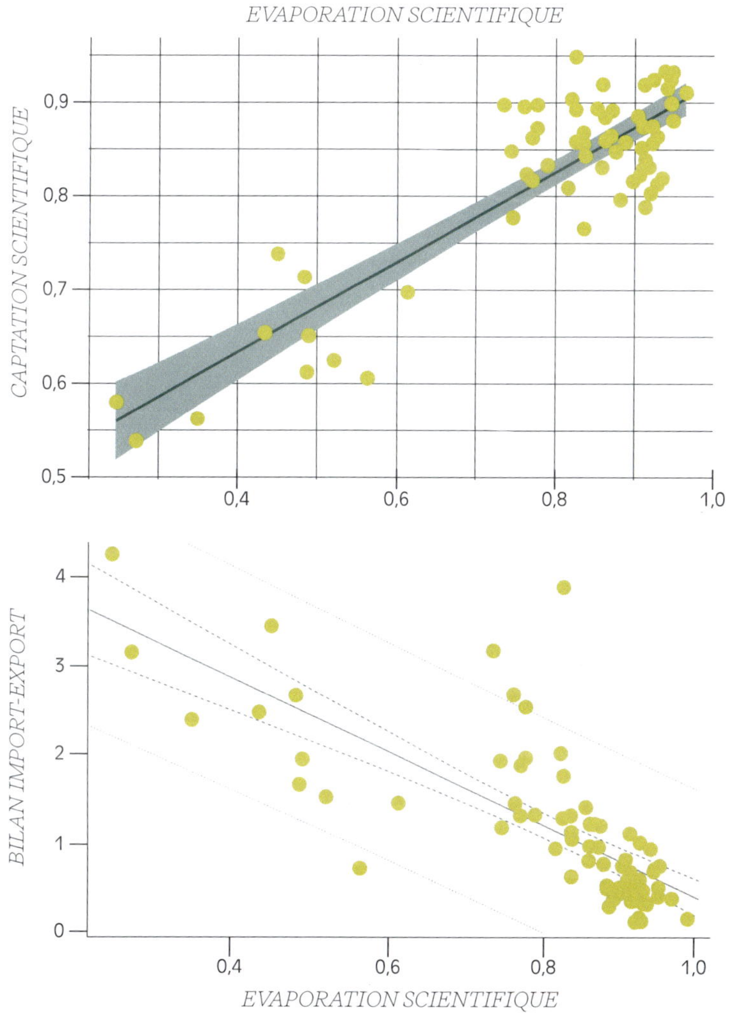

Source : OST-Hcéres. Traitements La Fabrique (voir détails dans les tableaux J-2 et J-4 de l'annexe J).

Note : le panel comprend, pour chaque technologie, les 9 premiers pays publiants et les 9 premiers pays déposants citants. Le panel complet, une fois la Chine écartée, comprend donc les pays suivants, qui ne sont pas toujours représentés pour chaque technologie : Australie, Canada, Suisse, Allemagne, France, Royaume-Uni, Japon, Corée, Pays-Bas, Taïwan, États-Unis.

Lecture des données : chaque point représente une technologie donnée dans un pays donné. Figure du haut : le coefficient d'évaporation est noté en abscisse et le coefficient de captation en ordonnée. Le coefficient de la droite de régression n'est pas proche de 1 mais plutôt de 1,5 (le tableau de régression reproduit en annexe présente une valeur de la pente estimée à 1,54). En conséquence, les points en haut à droite du graphique sont très proches d'un équilibre – les deux taux étant proches de 90 % –, mais le taux de captation diminue presque deux fois moins vite que le taux d'évaporation à mesure que l'on descend vers le coin en bas à gauche du graphique. Figure du bas : le taux d'évaporation scientifique figure en abscisse et le bilan import-export en ordonnée. Ces deux corrélations sont bien significatives. Les droites de régression et les intervalles de confiance à 95 % sont également représentés.

UN SOURCING MONDIAL

Tous les pays ne disposent pas des mêmes parts mondiales de dépôts de brevets ou de publications scientifiques; or les taux de captation et d'évaporation sont influencés par ces différentes prédispositions. Pour évacuer cet effet, et accéder à une lecture normalisée des phénomènes de captation et d'évaporation, on appelle *capacité relative de rétention scientifique*, toujours pour un pays et une technologie donnés, la propension des articles scientifiques publiés par les laboratoires nationaux à bénéficier à des déposants de brevets domestiques[35]. Inversement, on appelle *capacité relative de sourcing domestique*, pour un pays et une technologie donnés, la propension des déposants de brevets nationaux à puiser aux sources scientifiques domestiques[36].

La simple représentation des valeurs par pays de ces capacités relatives ne fait apparaître aucun enseignement évident (*cf.* graphique J-5, en annexe), si ce n'est pour dire qu'on observe partout un tropisme local (ou une « préférence nationale »). Toutefois, le graphique J-6 montre que la capacité relative de rétention scientifique, c'est-à-dire le poids des déposants domestiques parmi les utilisateurs de la science d'un pays donné, est à son minimum pour les pays qui ont un poids important dans le noyau et dans les citations NPL, et à son maximum pour ceux dont le poids est le plus faible. Dit autrement, le « retour sur investissement » industriel de la production nationale de connaissances, toujours positif, n'est pas l'apanage des grandes nations scientifiques ou industrielles mais de contributeurs modestes à la science mondiale de rupture.

C'est plus net encore pour la capacité relative de sourcing domestique, inversement proportionnelle au poids mondial dans les citations académiques de brevets, les publications du noyau et même les brevets de rupture (*cf.* graphique J-7). Autrement dit, la « préférence nationale » d'une industrie pour sa recherche domestique tend vers 1, son minimum, à mesure que le pays occupe une place importante dans la science ou les brevets de rupture. Elle est au contraire maximale pour les pays de modestes contributeurs scientifiques et technologiques. Les innovateurs sont donc, comme les scientifiques, très ouverts sur le marché mondial des connaissances.

35— Cette capacité relative de rétention vaut 1 si la part domestique des brevets citant les publications issues des laboratoires nationaux est égale à la part mondiale du pays dans les dépôts de brevets de la technologie considérée.

36— Cette capacité relative de sourcing domestique vaut 1 si la part domestique des articles cités par les brevets nationaux est égale à la part mondiale du pays dans les publications du noyau scientifique de la technologie (le noyau d'une technologie est constitué par les trois domaines scientifiques les plus fréquemment cités par les brevets correspondants).

CARTOGRAPHIER LES EXTERNALITÉS DE CONNAISSANCES

Nous venons d'établir les points suivants. *Primo*, les taux de captation et d'évaporation scientifiques sont très élevés, de l'ordre de 80 % voire 90 %, dans toutes les technologies et pour tous les pays hormis les États-Unis et la Chine. Ainsi, les innovateurs et les scientifiques correspondent sur un marché mondial des connaissances très ouvert : même en tenant compte d'un « tropisme local » habituel chez tous les acteurs concernés, les flux de connaissance entre auteurs d'articles et déposants de brevets de rupture ne s'inscrivent que très rarement à l'intérieur du cadre domestique et encore moins au sein d'interactions locales. On peut y voir la manifestation d'un effet de superficie : les innovateurs des petits pays, chacun sur sa niche technologique, n'ont sans doute pas la capacité d'exploiter tous les gisements offerts par la science domestique, de même que cette dernière n'a pas la possibilité de répondre à toutes les questions scientifiques soulevées par les déposants du même pays. Toutefois, cette explication ne peut être que partielle : rien ne permettait en effet de deviner que les États « moyens » (Japon, Corée, les divers pays européens...) apparaîtraient aussi semblables selon ces deux critères, alors que l'on sait que leurs industries et leurs efforts nationaux de R&D diffèrent sensiblement. C'est donc bien que la science circule librement et abondamment dans le monde, entre ceux qui la produisent et ceux qui la valorisent[37]. L'allégorie de la forteresse ou du coffre-fort serait mauvaise conseillère, d'autant moins que les articles cités par les brevets de rupture représentent au mieux 0,5 % de la littérature de leur noyau scientifique : chaque innovateur déposant un brevet de rupture se trouve face à une littérature accessible « de l'ordre de l'infini ».

Secundo, que le taux de captation soit significativement plus faible aux États-Unis qu'ailleurs, autrement dit que les entreprises américaines éprouvent moins fréquemment que leurs concurrentes du reste du monde le besoin d'aller puiser à des sources académiques étrangères pour étayer leurs brevets, ne paraît pas très étonnant *a priori*. En revanche, le fait que le coefficient d'évaporation scientifique soit lui aussi plus grand pour les petits pays peut sembler contre-intuitif : on n'a pas pour habitude de postuler que les publications « brevetables » issues du CNRS ou de l'institut Max-Planck sont, en proportion, davantage convoitées que

37— La connaissance circule naturellement tout autant, voire davantage, entre chercheurs académiques au stade de la recherche. Dans cas de la France par exemple, 63 % des articles scientifiques qui sont repérés dans la présente étude reposent sur des copublications internationales (les articles sont décomptés en unités fractionnaires, donc un article copublié par deux chercheurs provenant de deux pays différents compte à hauteur de 0,5 pour chacun des deux pays).

celles du MIT par les déposants de brevets du monde entier. C'est alors un résultat important à souligner : les taux d'évaporation et de captation scientifiques sont corrélés de manière robuste, pour chaque pays et chaque technologie, à l'exception du cas particulier de la Chine. On pense ici à l'analogie avec les chaînes de valeur industrielles, où les pays exportateurs les plus dynamiques sont souvent aussi les plus ouverts aux importations (notamment aux importations de consommations intermédiaires dont ils ont besoin pour exporter). Pour en revenir aux technologies de rupture, tous les pays étudiés ici, France incluse, s'insèrent donc dans un réseau mondial d'échange de résultats scientifiques qui semble, au premier ordre, assez équilibré.

Tertio, il faut glisser progressivement vers les plus grands pays - c'est-à-dire vers les États-Unis - pour que le ratio entre ces deux coefficients se déséquilibre. Les États-Unis sont importateurs nets de science à l'égard du reste du monde. De deux choses : soit c'est leur captation qui est élevée une fois rapportée à leur taille, soit c'est leur évaporation qui est faible toutes choses égales par ailleurs. Le fait que leur capacité relative de rétention scientifique (qui est l'inverse de l'évaporation, normalisée) se situe dans la médiane des pays étudiés, tandis que leur capacité relative de sourcing domestique (l'inverse de la captation, normalisée) est la plus faible de l'échantillon plaide en faveur de la première hypothèse. Il faut donc retenir deux résultats distincts, qui ne sont contradictoires qu'en apparence. D'une part, parce que les États-Unis bénéficient de leur grande taille et de leur poids mondial élevé, on y constate un recouvrement supérieur à la moyenne entre la science issue de leurs laboratoires et celle dont se servent leurs déposants de brevets : c'est ce qu'indique leur taux de captation plus faible que celui des autres pays. D'autre part, une fois ces indicateurs nationaux normalisés en les rapportant au poids mondial de chaque pays, il apparaît que les déposants américains de brevets - principalement des entreprises - consacrent un effort plus que proportionnel pour aller puiser aux sources mondiales de la science[38].

38— Il est bien connu des statisticiens bibliomètres que les pratiques de citation peuvent varier d'un office de brevets à l'autre en raison de procédures qui leur sont spécifiques (Bacchiocchi et Montobbio, 2010). Tout particulièrement, aux États-Unis, la règle du « devoir de transparence » (*duty of candor*) impose aux demandeurs de brevet de divulguer toute information pertinente, y compris les antériorités dont ils ont connaissance, susceptible d'affecter la brevetabilité de leur invention. Cette obligation vise à garantir l'intégrité du processus d'examen de l'invention. Au sein des offices européen, japonais et chinois (OEB, JPO et CNIPA), il n'existe pas de règle équivalente et ce sont les examinateurs qui ont la responsabilité de mener leurs propres recherches pour identifier les antériorités pertinentes et évaluer la brevetabilité de l'invention. Cette différence peut conduire à des écarts de taux de citation entre les brevets déposés aux États-Unis et dans les autres pays. La présente étude s'appuie toutefois sur des familles de brevets présentes dans au moins deux offices, ce qui limite ce phénomène. En outre, ces particularismes sont normalement sans effet sur le choix des articles scientifiques cités par les déposants de brevets.

Quarto, le taux d'évaporation scientifique est une fonction significativement décroissante de la part mondiale des citations académiques de brevets. En clair, plus la contribution d'un pays à l'effort mondial de « science brevetable » est modeste, plus celui-ci perd une part importante de ce qu'il publie au profit de déposants étrangers.

Quinto, on obtient une confirmation des deux résultats précédents en observant que le ratio entre citations entrantes et citations sortantes (le bilan import-export) atteint des valeurs de 2 à 4 pour les États-Unis, tandis qu'il tend à passer sous le seuil de 1 pour les plus modestes contributeurs, précisément pour ceux qui ont les taux d'évaporation et de captation les plus élevés. Les plus petits pays sont donc exportateurs nets de science, tandis que les États-Unis, dont la recherche irrigue certes les efforts technologiques du monde entier, vont chercher dans le monde 2 à 4 fois plus de sources scientifiques que ce que les étrangers viennent trouver sur leur sol.

Sexto, les capacités relatives de sourcing et de rétention domestiques, autrement dit les taux normalisés de « retour sur investissement » domestique et industriel de la production nationale de connaissance, sont toujours supérieures à l'unité. Mais elles ne sont pas l'apanage des grandes nations scientifiques et industrielles, et bien au contraire la caractéristique des plus modestes contributeurs à la science mondiale de rupture. La connaissance étant une externalité difficilement internalisable, il est inévitable que, en volume, la recherche des grandes nations scientifiques, à commencer par celle des États-Unis, nourrisse abondamment les industries étrangères. Les États-Unis, parmi tous les pays étudiés, affichent donc le plus faible taux de retour de leur effort national de R&D et « offrent » aux autres pays le plus grand volume de connaissances brevetables. Mais c'est aussi, et de loin, celui dont les déposants complètent le plus intensément les apports de leur science domestique par des références à la littérature étrangère, au point d'être le pays le plus nettement importateur d'articles scientifiques cités par des brevets de rupture. Ces résultats complètent, sans les réfuter, ceux accumulés depuis les années 1980 sur la topologie des externalités de connaissances (*cf.* encadré ci-après).

LES EXTERNALITÉS LOCALES ET MONDIALES DE CONNAISSANCES

ON DOIT À PORTER (*op. cit.*) ET KRUGMAN (*op. cit.*) les premières explications scientifiques du phénomène de concentration géographique des entreprises et, en particulier, de la création de clusters innovants comme celui de la Silicon Valley. Alors que le foncier y est plus cher et les circulations plus congestionnées, elles y trouvent tout de même un avantage compétitif, résumé sous le terme «d'économies d'agglomération», grâce à trois mécanismes principaux : le partage de la main-d'œuvre qualifiée, la présence de fournisseurs compétents et, ce qui nous intéresse ici plus directement, l'existence d'externalités de connaissances. Ces dernières, facilitées par la mobilité des personnes et leurs échanges informels, se manifestent pour les entreprises sous la forme d'un supplément de productivité ou d'innovation du «simple fait» de leur proximité avec d'autres entreprises productives ou innovantes. La réflexion théorique de ces deux auteurs a ensuite reçu des confirmations empiriques remarquées, notamment de la part de Jaffe (1986).

Doit-on lire dans nos résultats sur la circulation mondiale des connaissances matière à objection sur l'importance des économies d'agglomération ? Non, pour plusieurs raisons. La première est que ces effets s'additionnent et ne se contredisent pas. Depuis les premiers travaux sur les clusters, il est admis que les externalités de connaissances concernent au moins autant les connaissances dites «tacites», par définition difficiles à exprimer et à transmettre (telles que les compétences pratiques, les savoir-faire ou l'expérience personnelle), que les connaissances dites «codifiées», transmises de manière explicite et aisément échangeables à distance, selon la distinction proposée par Polanyi (1967). Les citations de brevets sur lesquelles nous travaillons relèvent naturellement des connaissances codifiées. C'est d'ailleurs pour la même raison que les économistes qui cherchent de leur côté à comprendre comment les entreprises organisent au mieux leurs dispositifs «d'innovation ouverte», partant eux des travaux de Chesbrough (*op. cit.*) sur la circulation mondiale des connaissances, aboutissent également à cette observation que les flux de citations de brevets sont largement internationaux, tandis que les contrats partenariaux public-privé en recherche se déploient souvent sur une base locale, précisément en raison du poids essentiel de paramètres informels dans la survenue de ces collaborations (Stefan et Bengtsson, 2016).

Une deuxième raison est qu'il existe une réflexion académique intense pour tenter de repérer l'échelle géographique sur laquelle s'étendent les externalités de connaissances, qui dépassent donc le seul cadre d'application des clusters régionaux. Coe et Helpman (1993), par exemple, détectent des bénéfices «importants» de l'investissement d'un pays en R&D sur la productivité totale des facteurs de ses partenaires commerciaux, principalement quand ceux-ci sont de petite taille (ils calculent même qu'un quart des bénéfices des investissements en R&D des sept premières économies mondiales sont captés par leurs partenaires commerciaux). À l'inverse, Grillitsch et Nilsson (2015) soulignent que les entreprises situées dans les régions périphériques, comme la Scandinavie, bénéficient moins de telles externalités et doivent développer des stratégies d'adaptation. Keller (2001) observe de son côté que, entre 1970 et 1995, la diffusion des technologies est passée d'un rayonnement essentiellement local (moyennant une attrition des externalités de 50% tous les 1 200 km)* à une circulation plus fluide, principalement sous l'effet du commerce mondial, des investissements internationaux et des proximités linguistiques.** Une troisième raison est que les externalités ne se manifestent pas de la même manière ni avec la même intensité, selon la taille des entreprises et leur propre niveau d'investissement en R&D (Jaffe, *op. cit.*), leur appartenance ou non à un groupe mondialisé (Barrios *et al.*, 2012 ; Zhao et Islam, 2017), leur secteur d'activité (Álvarez et Molero, 2005), le niveau de développement de la région (Qiu *et al.*, 2017), son caractère métropolitain ou la nature publique ou privée de l'investissement (Kang et Dall'erba, 2016), etc.

Cette réflexion, très féconde, a également fait l'objet de réserves ou limitations. Celles-ci peuvent être méthodologiques, par exemple de la part de Tappeiner *et al.* (2008) qui soulignent la difficulté de mesurer les externalités de manière fiable. Elles peuvent également être plus conceptuelles, par exemple quand Duranton et Puga (2004) montrent que des clusters peuvent perdre leurs économies d'agglomération et donc leur pouvoir attractif, alors que les externalités de connaissances sont toujours actives mais que les coûts de congestion finissent par l'emporter, comme dans les anciens bassins industriels d'Europe et des États-Unis.

* Voir aussi Fritsch et Franke (2004), Holl *et al.* (2023)
** Voir aussi Eugster *et al.* (2022).

Point
de vue

par **Antonin Bergeaud**

Le rôle des collaborations entre entreprises et scientifiques

Antonin Bergeaud
est professeur d'économie
à HEC Paris.

LES ÉTUDES EMPIRIQUES SUR L'INNOVATION ont rapidement souligné la forte hétérogénéité dans la qualité, l'efficacité et la valeur des différents résultats d'investissement en R&D des entreprises. Dans une étude de publiée en 2017, Kogan *et al.* attribuent ainsi une valeur monétaire à chaque brevet déposé par les entreprises cotées aux États-Unis, en se basant sur la réaction du marché au moment de sa publication. On y remarque que le brevet médian a une valeur dix fois inférieure à celle du brevet situé au 95e percentile et quarante fois inférieure à celle du brevet situé au 99e percentile. Cette très forte dispersion a conduit la littérature à porter une attention toute particulière à ces brevets singuliers, qui sont par ailleurs ceux qui ont une incidence sur la productivité des entreprises (Kalyani, 2022).

Une politique industrielle efficace doit donc mettre en place les conditions favorables au développement de ce type d'innovation « de rupture ». Mais comment faire ? Un premier élément de réponse est que les politiques de soutien uniforme à la recherche et développement ne sont vraisemblablement pas la solution, puisque toutes les entreprises n'ont pas la capacité de générer des innovations radicales et impactantes. Un deuxième élément de réponse consiste à remonter à la source. Qu'ont de particulier ces brevets singuliers ? Comme le montrent Marx et Fuegi (2020), une caractéristique notable est qu'ils ont tendance à se fonder davantage sur la science académique. La présente étude propose à ce titre une analyse particulièrement pertinente, en reliant chaque brevet associé à l'une des douze technologies de rupture retenues aux articles scientifiques qu'il cite en référence, et dont il est dès lors légitime de penser qu'ils ont servi comme intrants dans le développement d'une amélioration radicale d'un produit, voire dans la création même d'un nouveau bien ou service.

Il est important de souligner que ce type d'analyse de données est particulièrement difficile. Il existe plusieurs dizaines de millions de brevets (rien qu'aux États-Unis 400 000 brevets sont acceptés par an), qu'il faut méticuleusement associer à des technologies, attribuer à une entreprise ou à un inventeur. Il faut ensuite retrouver les articles scientifiques cités parmi une base de données contenant à nouveau plusieurs dizaines de millions de documents. Les progrès techniques dans le traitement automatisé du langage naturel (*Natural language processing ou NLP*) alliés aux efforts collaboratifs de nombreux chercheurs ont permis depuis peu de suivre effectivement la chaîne de production d'une innovation, depuis le développement théorique initial jusqu'à la commercialisation du produit. Grâce à cette analyse de données massives, l'auteur de l'étude peut donc s'intéresser à la question fondamentale de savoir qui est à l'origine des idées à la base de ces innovations de rupture. Le constat pour la France et pour l'Europe est négatif. Le rapport Draghi publié en 2024 a bien mis en évidence un décrochage technologique, mais il semble que le Vieux Continent soit également en retard sur la production du savoir, même si ce handicap est moins marqué.

Ce décrochage scientifique peut-il être la source du décrochage technologique ? Cette question est complexe, puisque les idées circulent librement et que la science produite outre-Atlantique va également bénéficier aux entreprises européennes, comme le montre très clairement cette étude. Le lien pourrait être plus subtil et difficile à mesurer. En abandonnant le champ de l'excellence scientifique, notamment dans des domaines appliqués, les entreprises bénéficient plus difficilement de ces externalités positives dont on sait que, malgré la révolution numérique, elles demeurent fortement localisées (Hunt *et al.*, 2024).

Le développement des *capabilities*, c'est-à-dire des capacités à intégrer, digérer et utiliser les nouvelles découvertes scientifiques, se fait plus efficacement lorsque des échanges fréquents, y compris informels, s'opèrent entre les entreprises et les scientifiques. Cela peut se faire par des échanges de capital humain (thèses Cifre, programme Jeune docteur, mobilité des chercheurs) ou par des incitations fiscales à collaborer (volet sous-traitance du crédit impôt recherche, programme Jeune entreprise universitaire, etc.). Des programmes encourageant de telles collaborations sont probablement amenés à avoir des effets bénéfiques en matière d'innovation de rupture. Cela a été le cas dans le passé en France (Bergeaud *et al.*, 2022), notamment en comparaison avec les subventions actuelles relativement aveugles à l'existence de telles collaborations.

5

Chapitre

Comment améliorer l'effort national en innovation de rupture ?

Le positionnement de la France n'est pas à la hauteur de ses objectifs en matière d'innovation de rupture, sans que sa spécialisation scientifique ne puisse en être tenue pour cause. L'innovation, certes nourrie par la science, est avant tout déterminée par la présence d'une industrie intensive en connaissance. C'est sur ce point que l'action publique peut être déterminante.

EN FRANCE, UN RÉSULTAT ENCORE EN DEÇÀ DES AMBITIONS

Les éléments de preuve sont maintenant suffisamment nombreux et convergents pour que l'on puisse affirmer que le positionnement de la France n'est pas à la hauteur de ses ambitions en matière d'avènement de technologies de rupture, par exemple si l'on en juge à la part qu'elle représente dans les dépôts mondiaux de brevets. Ce résultat - qui peut sans doute s'appliquer à d'autres pays européens - a été documenté dans la note précédente (Bellit et Charlet, *op. cit.*) et peut être complété ici par plusieurs observations.

On livre tout d'abord les résultats de deux analyses en composantes principales, détaillées à la fin de l'annexe M. Elles sont menées sur 53 pays, ces derniers étant caractérisés par leur positionnement dans les domaines scientifiques et technologiques étudiés dans cet ouvrage, mais aussi sur des variables macroéconomiques comme le PIB ou les exportations de différentes catégories de biens.

Dans la première de ces deux ACP, les pays sont caractérisés par des variables exprimées en parts mondiales (part des publications scientifiques et des brevets dans les différentes technologies, part du PIB, de la valeur ajoutée ou des exportations, etc.). L'effet volume y est très perceptible : plus un pays est dominant sur une variable, et donc notamment dans une technologie ou un domaine scientifique, plus il tend à l'être sur toutes les autres. Et c'est précisément le cas des pays leaders que nous avons repérés depuis

fig. **5.1**

Résultats des ACP sur 53 pays décrits par des variables exprimées en parts mondiales (a) ou en effort relatif (b et c)

a)

DENDOGRAMME OBTENU APRÈS ANALYSE EN COMPOSANTES PRINCIPALES EN PARTS MONDIALES

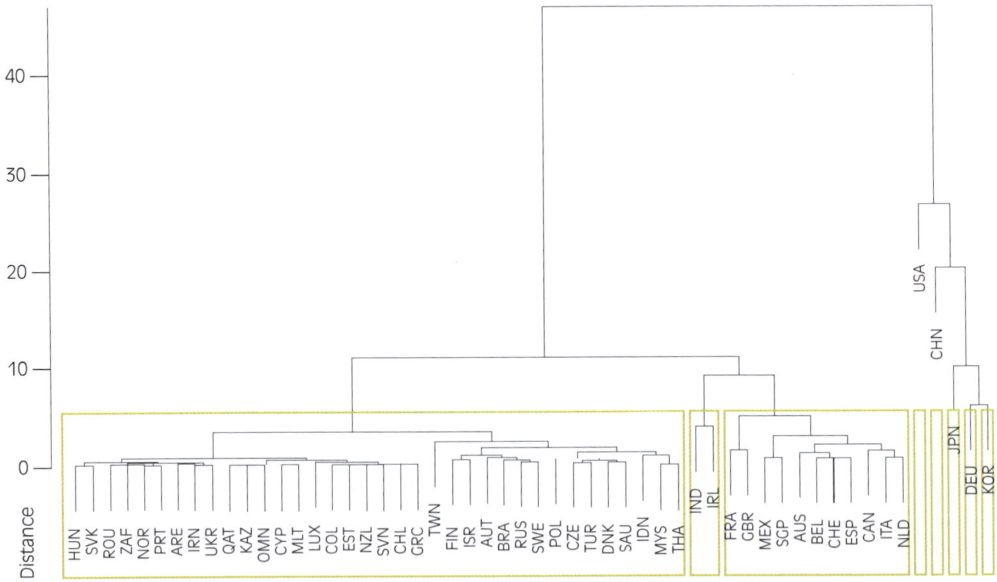

c)

DENDOGRAMME OBTENU APRÈS ANALYSE EN COMPOSANTES PRINCIPALES EN EFFORTS RELATIFS

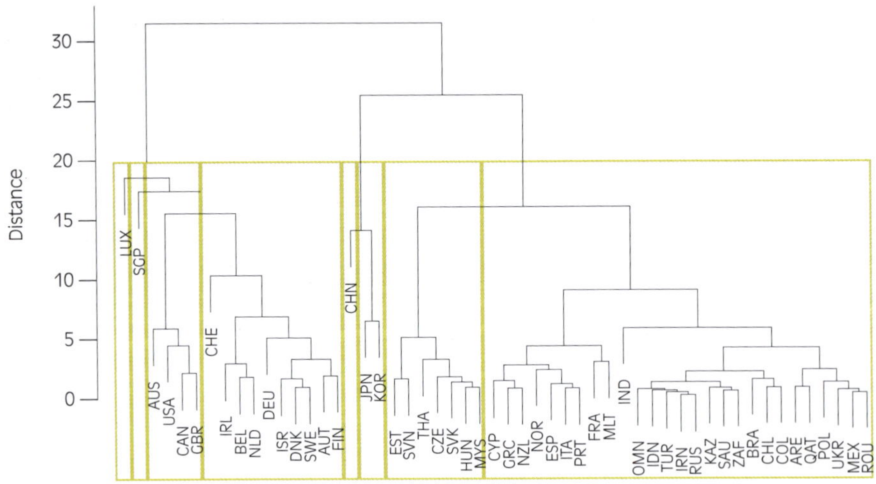

b) *PROJECTION DES PAYS DANS LE PLAN APRÈS ACP EN EFFORTS RELATIFS*

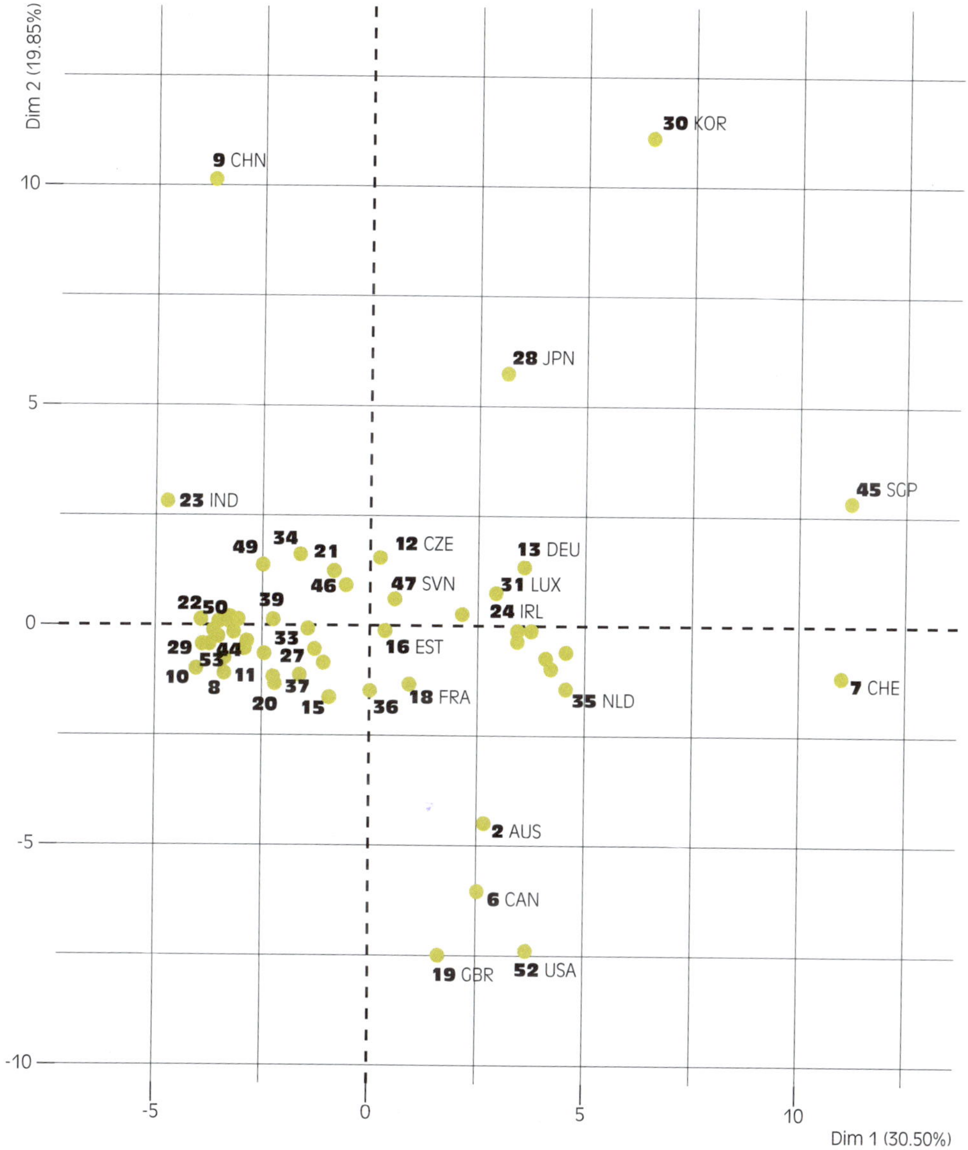

Sources : OST-Hcéres, OCDE et Banque mondiale. Traitements La Fabrique.

Lecture des données : les dendrogrammes schématisent la classification ascendante hiérarchique des pays, par niveau de proximité au regard des variables étudiées dans l'ACP. La hauteur des clusters en ordonnée représente la distance entre individus puis entre clusters qu'il faut dépasser pour que ceux-ci soient considérés comme proches. Figure ci-dessus : les pays sont projetés dans le plan formé par les deux premières dimensions de l'ACP.

le début de ce travail. De sorte que, si on lit le dendrogramme tiré de cette ACP de manière descendante jusqu'à obtenir huit clusters de pays (figure 5.1, a), on voit d'abord cinq pays dominants se détacher de tous les autres : États-Unis, Chine, Japon, Allemagne et Corée. Un sixième cluster est composé de la France, de Royaume-Uni et de neuf autres pays de taille moyenne. Suivent un septième cluster composé de deux pays (Inde et Irlande) et un dernier comportant tous les autres. En termes quantitatifs, la France et le Royaume-Uni sont alors nettement distancés par les cinq pays dominant le tableau et se détachent à grand-peine d'un peloton constitué par des pays de plus petite taille (Espagne, Italie, Belgique, Suisse, Pays-Bas, Canada...).

On mène ensuite une seconde ACP sur les mêmes pays et les mêmes grandeurs, mais cette fois avec des mesures relatives : les dépenses et les valeurs ajoutées sont rapportées au PIB, les décomptes de publications et de brevets sont ramenés par habitant, etc. L'idée de cette observation complémentaire est de distinguer l'effort de chaque pays indépendamment de sa taille[39]. La projection des pays sur le plan formé par les deux premières dimensions de cette ACP (figure 5.1, b) montre que plusieurs groupes se détachent. La Chine est assez isolée dans le quadrant nord-ouest (faible effort scientifique par habitant ou par point de PIB, et forte spécialisation dans les domaines scientifiques et dans l'industrie en général); l'Inde est dans le même cas de figure. Le long d'une diagonale nord-est, on trouve successivement le Japon et la Corée, qui conjuguent de manière homogène un effort en faveur de la recherche et un effort équivalent de spécialisation dans les domaines scientifiques du noyau des technologies et dans l'industrie. Troisièmement, totalement à l'est du plan, on remarque Singapour et la Suisse, dont l'effort de recherche est très significatif et dont la spécialisation scientifique dans les domaines du noyau est conforme à la moyenne. Au sud, on remarque quatre pays anglo-saxons très proches les uns des autres (États-Unis, Royaume-Uni, Canada et Australie), dont l'effort relatif de recherche apparaît positif, mais qui sont paradoxalement nettement désindustrialisés et déspécialisés dans les domaines scientifiques du noyau des technologies. La France, quant à elle, se situe non loin du centre de gravité du nuage de points.

Comme dans le cas précédent, on complète la lecture des résultats par un dendrogramme (figure 5.1, c) afin de rassembler les pays par niveau

39— Les deux premières dimensions de cette seconde ACP captent 50 % de la variance : la première capte surtout l'effort de recherche par habitant (publications du WoS, citations NPL dans les différentes technologies...), quand la seconde reflète plutôt les indices de spécialisation dans les disciplines académiques et la part de l'industrie dans le PIB.

> Les pays d'Europe rhénane et du Nord se détachent par leur proximité.

de proximité, jusqu'à atteindre huit clusters. Le Luxembourg et Singapour font chacun l'objet d'un cluster spécifique. Le Luxembourg se démarque de manière un peu artificielle, en raison de son PIB par habitant très élevé et, compte tenu de sa faible population et de sa forte attractivité fiscale, du nombre élevé de dépôts de brevets par habitant notamment dans le cas spécifique de l'acier sans carbone. Singapour se distingue surtout par le poids hors normes de ses exportations en biens TIC ou high-tech, relativement à son PIB. La Chine fait également l'objet d'un cluster spécifique ; le Japon et la Corée en forment un autre tous les deux. Les quatre pays anglo-saxons dont nous avons repéré la proximité sur le plan sont à nouveau réunis en un cinquième cluster. Les trois derniers groupes comportent davantage de pays. Il y a d'un côté les pays d'Europe rhénane et du Nord (hors Norvège et en ajoutant Israël) qui se détachent par leur proximité. Un autre cluster se remarque comportant surtout des pays d'Europe orientale, ainsi que la Malaisie et la Thaïlande. Le huitième cluster est le plus vaste : il rassemble surtout des pays méditerranéens et du Golfe persique, auxquels il faut ajouter l'Inde, la Russie... et la France.

Enfin, nous reportons ici les variations du palmarès mondial des déposants de brevets survenues entre notre précédente étude et celle-ci. Le corpus exploité dans l'étude précédente portait sur les années 2010 à 2020, cette dernière année étant

	ÉTATS-UNIS			*CHINE*			*FRANCE*		
TECHNOLOGIE	Nombre de familles de brevets	Part mondiale	Rang	Nombre de familles de brevets	Part mondiale	Rang	Nombre de familles de brevets	Part mondiale	Rang
Hydrogène pour les transports	+186	-0,7 pp	2=2	+131	+0,7 pp	6=6	+95	+0,2 pp	5=5
Batteries pour véhicules électriques	+615	-0,7 pp	4=4	+868	+2,9 pp	5=5	+158	+0,2 pp	6=6
Photovoltaïque	+550	-0,7 pp	2<4	+2 191	+3,8 pp	4>3	+103	-0,2 pp	7=7
Éoliennes en mer	+25	-0,8 pp	3=3	+41	+1,5 pp	8>5	+25	+0,0 pp	6=6
Recyclage des métaux stratégiques	+195	-1,2 pp	2<3	+441	+2,4 pp	3>2	+46	- 0,5 pp	6<7
Carburants durables du secteur aérien	+26	-3,9 pp	1=1	+3	-0,3 pp	4<6	+6	+0,8 pp	6>5
Nanoélectronique	+159	-2,1 pp	1=1	+213	+0,9 pp	2=2	+11	-0,3 pp	6<7
Spintronique	+117	-2,3 pp	2=2	+113	+1,5 pp	4=4	+27	-0,1 pp	7=7
Ordinateur quantique	+446	-6,4 pp	1=1	+171	+2,4 pp	3=3	+51	+0,6 pp	8<7
ARN messager	+522	+1,0 pp	1=1	+140	+2,9 pp	5>2	+25	+0,0 pp	7=7
Acier bas carbone	+103	-1,2 pp	3<4	+249	+3,0 pp	4>2	+15	-0,5 pp	8<9
Recyclage biologique des plastiques	+293	+0,4 pp	1<2	+131	+0,5 pp	4=4	+71	-1,1 pp	5<6

fig. 5.2

Principaux changements survenus sur le corpus de brevets de rupture en 18 mois

Source : OST-Hcéres. Traitements La Fabrique.

Note : ce tableau pointe les variations survenues entre les deux versions du corpus de brevets de rupture. Celui exploité dans l'étude précédente portait sur les années 2010 à 2020, cette dernière année étant seulement complète à 50 % environ. La version actuelle du corpus porte sur les années 2010 à 2021, cette dernière année étant complète à 95 % environ.

Lecture des données : dans la technologie « hydrogène pour les transports », les États-Unis ont déposé 186 familles de brevets supplémentaires entre mi-2020 et fin 2021. Sur l'ensemble du corpus débutant en 2010, cela se traduit par une diminution de leur part mondiale de 0,7 point de pourcentage. Leur rang mondial est inchangé (2e). En revanche, dans le domaine du photovoltaïque, les États-Unis sont passés du 2e au 4e rang mondial en l'espace de 18 mois, la Chine passant du 4e au 3e rang.

seulement complète à 50 % environ, ce qui représente 114 mois. La version actuelle du corpus porte sur les années 2010 à 2021, cette dernière année étant complète à 95 % environ, soit 18 mois de plus. Autrement dit, la période de référence a été élargie de 16 %. Cela peut sembler marginal ; pourtant, la lecture du tableau montre combien la Chine et les États-Unis sont plus actifs que la France en matière de dépôt. Le cas de la Chine est particulièrement frappant, puisque cette « simple » extension du champ de l'étude de 18 mois lui suffit pour gagner le plus souvent deux à trois points de pourcentage et un ou deux rangs au classement général. Les variations de la position française sont moins probantes.

Ainsi, il apparaît que notre pays est significativement distancé par les leaders mondiaux, que l'on parle du dépôt de brevets de rupture ou de la publication des articles scientifiques desquels ces derniers se nourrissent, et ce que l'on raisonne en parts mondiales (ce qui avantage les plus grands pays), en intensités relatives (ce qui met en avant ceux qui déploient des efforts importants) ou en dynamique. Les tendances récentes ne laissent donc pas augurer à court ou moyen terme une amélioration de la situation française. Pour mémoire, on a regroupé dans l'encadré suivant les objectifs prioritaires du gouvernement en matière de recherche et d'innovation.

LES PRIORITÉS DE LA FRANCE EN MATIÈRE DE RECHERCHE ET D'INNOVATION, AU 31-12-2024

LE GOUVERNEMENT FRANÇAIS organise sa feuille de route politique en quatre axes prioritaires : «plein emploi et réindustrialisation», «progrès et services publics», «transition écologique» et «ordre républicain». La recherche et l'innovation se trouvent pour l'essentiel contenues à l'intérieur du premier axe, qui comporte lui-même six «chantiers pour l'emploi et l'industrie», dont le premier s'intitule «assurer les investissements d'avenir avec France 2030». À ce niveau de formulation, l'avancement des politiques publiques est simplement formulé en termes de montants publics investis. L'objectif affiché est d'avoir engagé 53,2 milliards d'investissement entre octobre 2021 et décembre 2026 ; le dernier décompte disponible fait état de 29,9 milliards attribués au 1er décembre 2023 (soit 56 % des montants engagés durant 40 % de la période prévue).

Le plan d'investissement France 2030 est quant à lui orienté autour de dix «objectifs sociétaux», articulés autour de trois enjeux majeurs : mieux produire (énergie, industries, transports), mieux vivre (alimentation, santé, culture) et mieux comprendre le monde (formation, espace, grands fonds marins). Ces dix objectifs sont les suivants : (i) favoriser l'émergence d'une offre française de petits réacteurs modulaires (SMR) d'ici à 2035 et soutenir l'innovation de rupture dans la filière ; (ii) devenir le leader de l'hydrogène vert et des énergies renouvelables en 2030 ; (iii) décarboner notre industrie afin de respecter notre engagement de baisser de 35 %, entre 2015 et 2030, les émissions de gaz à effet de serre de ce secteur ; (iv) produire en France, à l'horizon 2030, près de 2 millions de véhicules électriques et hybrides chaque année ; (v) produire en France, d'ici à 2030, le premier avion bas carbone ; (vi) investir dans une alimentation saine, durable et traçable afin d'accélérer la révolution agricole et alimentaire ; (vii) produire en France au minimum vingt biomédicaments, en particulier contre les cancers et les maladies chroniques, et créer les dispositifs médicaux de demain ; (viii) placer la France en tête de la production des contenus culturels et créatifs, et des technologies immersives ; (ix) prendre toute notre part dans l'aventure spatiale et (x) investir dans le champ des grands fonds marins. Le recouvrement n'est que partiel entre les axes prioritaires de France 2030 et les technologies de rupture que nous étudions ici, mais l'atteinte des objectifs (ii), (iv) ou (vi) peut sembler délicate si l'on en juge au positionnement de la France dans les douze technologies observées ici également.

Rappelons enfin que les douze technologies de rupture examinées dans le présent ouvrage ont été identifiées dans des travaux tels que le rapport d'experts remis au ministre de l'Économie par Benoît Potier (2020), dont le mandat était de repérer vingt-deux marchés émergents – dont dix prioritaires – sur lesquels la France avait « le potentiel pour jouer un rôle de leader ». Les dix marchés prioritaires sont : (i) l'agriculture de précision et les agro-équipements ; (ii) l'alimentation durable pour la santé ; (iii) le biocontrôle animal et végétal ; (iv) la santé digitale ; (v) les biothérapies et bioproduction de thérapies innovantes ; (vi) l'hydrogène pour les systèmes énergétiques ; (vii) la décarbonation de l'industrie ; (viii) une nouvelle génération durable de matériaux composites « haute performance » ; (ix) les technologies du quantique et (x) la cyber-sécurité. Les douze autres marchés pouvant justifier ultérieurement d'une stratégie d'accélération sont : (i) les carburants durables ; (ii) les infrastructures de stockage et de traitement de données ; (iii) l'éolien en mer ; (iv) le photovoltaïque ; (v) le bâtiment innovant ; (vi) le recyclage des matériaux de construction ; (vii) le recyclage et la revalorisation des déchets ; (viii) les produits biosourcés ; (ix) l'e-learning et les ed-tech ; (x) la fabrication additive ; (xi) les batteries pour véhicules électriques et (xii) la microélectronique hardware et software pour l'IA embarquée.

Sources : site web du gouvernement, Potier (*op cit.*).

LA « BONNE » OU « MAUVAISE » SPÉCIALISATION SCIENTIFIQUE N'EST PAS EN CAUSE

On pourrait penser que cette faiblesse française provient d'une orientation insuffisante de notre effort de recherche vers les domaines académiques susceptibles de donner naissance à des technologies innovantes. Cette hypothèse découle notamment du constat que, toutes technologies et tous pays confondus, les publications scientifiques citées par les brevets de rupture proviennent très souvent des mêmes domaines, et notamment du panel PE4 qui recouvre la « chimie physique et analytique » (voir figure 5.4). On pourrait en déduire qu'un effort scientifique proactif dans ces quelques domaines faciliterait le dépôt de brevets de rupture en plus grand nombre.

Il faut toutefois rejeter cette hypothèse. Comme on l'a vu au chapitre 3, certains pays comme les États-Unis parviennent à être très actifs dans les dépôts de brevets, alors qu'ils accomplissent un effort comparativement modeste de publication scientifique dans les domaines du noyau de chaque technologie. La Chine est un contre-exemple : elle est très active dans les publications scientifiques du noyau des technologies, mais cela ne lui suffit pas pour être très présente dans les citations académiques de brevets ni dans les dépôts de brevets proprement dits. Cette déconnexion entre activité scientifique et activité technologique se comprend d'autant mieux si l'on garde en tête que l'essentiel des articles cités par les brevets ont une origine étrangère, ainsi qu'on l'a montré au chapitre 4.

Le tableau ci-contre, qui porte sur le cas particulier de la technologie « hydrogène pour les transports » confirme qu'il n'y a pas de rapport entre le niveau de spécialisation d'un pays dans un domaine scientifique (c'est-à-dire la prépondérance de ce dernier dans l'ensemble de sa production académique) et le poids que ce pays occupe dans les dépôts de brevets de rupture qui en découlent.

Si la spécialisation d'un pays dans les domaines scientifiques « technologiquement féconds » ne suffit pas à lui garantir mécaniquement une position avantageuse dans les dépôts de brevets ni même dans les citations académiques de brevets, c'est bien qu'une dimension qualitative intervient de manière déterminante : l'important pour un pays n'est pas tant de produire beaucoup d'articles, mais de parvenir à encourager la production d'articles qui seront jugés « bons » ou « intéressants » par les déposants de brevets du monde entier. Comme le résume Dominique Guellec, conseiller scientifique de l'OST : *« Il est vrai qu'il existe des spécialisations sectorielles et technologiques plus favorables que d'autres pour un pays, et que des politiques ciblées peuvent contribuer à les mettre en place.*

fig. 5.3

Indice de spécialisation dans les trois domaines scientifiques du noyau de la technologie « hydrogène pour les transports »

RANG DANS LE NOYAU	PAYS PUBLIANT	PANEL ERC	INDICE DE SPÉCIALISATION*	RANG DANS LE WOS, SELON LE NIVEAU DE SPÉCIALISATION
1	États-Unis	PE4	0,62	66
2	Chine	PE4	1,77	3
3	Japon	PE4	1,15	22
4	Allemagne	PE4	0,92	32
5	Corée du Sud	PE4	1,70	6
6	Royaume-Uni	PE4	0,54	80
7	France	PE4	0,87	36
1	États-Unis	PE8	0,60	111
2	Chine	PE8	1,53	19
3	Japon	PE8	0,71	93
4	Allemagne	PE8	0,90	69
5	Corée du Sud	PE8	1,04	60
6	Royaume-Uni	PE8	0,76	87
7	France	PE8	0,86	75
1	États-Unis	PE6	0,77	82
3	Allemagne	PE6	1,06	48
4	Royaume-Uni	PE6	0,82	73
6	Japon	PE6	0,93	60
7	Chine	PE6	1,37	27
8	France	PE6	1,13	41

Source : OST-Hcéres.

Notes : l'indice de spécialisation d'un pays dans un domaine donné traduit le ratio entre sa part mondiale dans les publications de ce domaine et sa part mondiale dans l'ensemble des publications scientifiques, tous domaines confondus. Les données sources figurent dans l'annexe H à cet ouvrage.

Cependant la spécialisation ne procède pas exclusivement des choix politiques directs, elle résulte surtout des conditions générales de l'activité économique dans le pays et de choix politiques plus larges : capacité d'innovation et de croissance des entreprises, qualification et mobilité de la main-d'œuvre, capacité de la recherche publique. Les politiques correspondantes concernent l'entrepre-

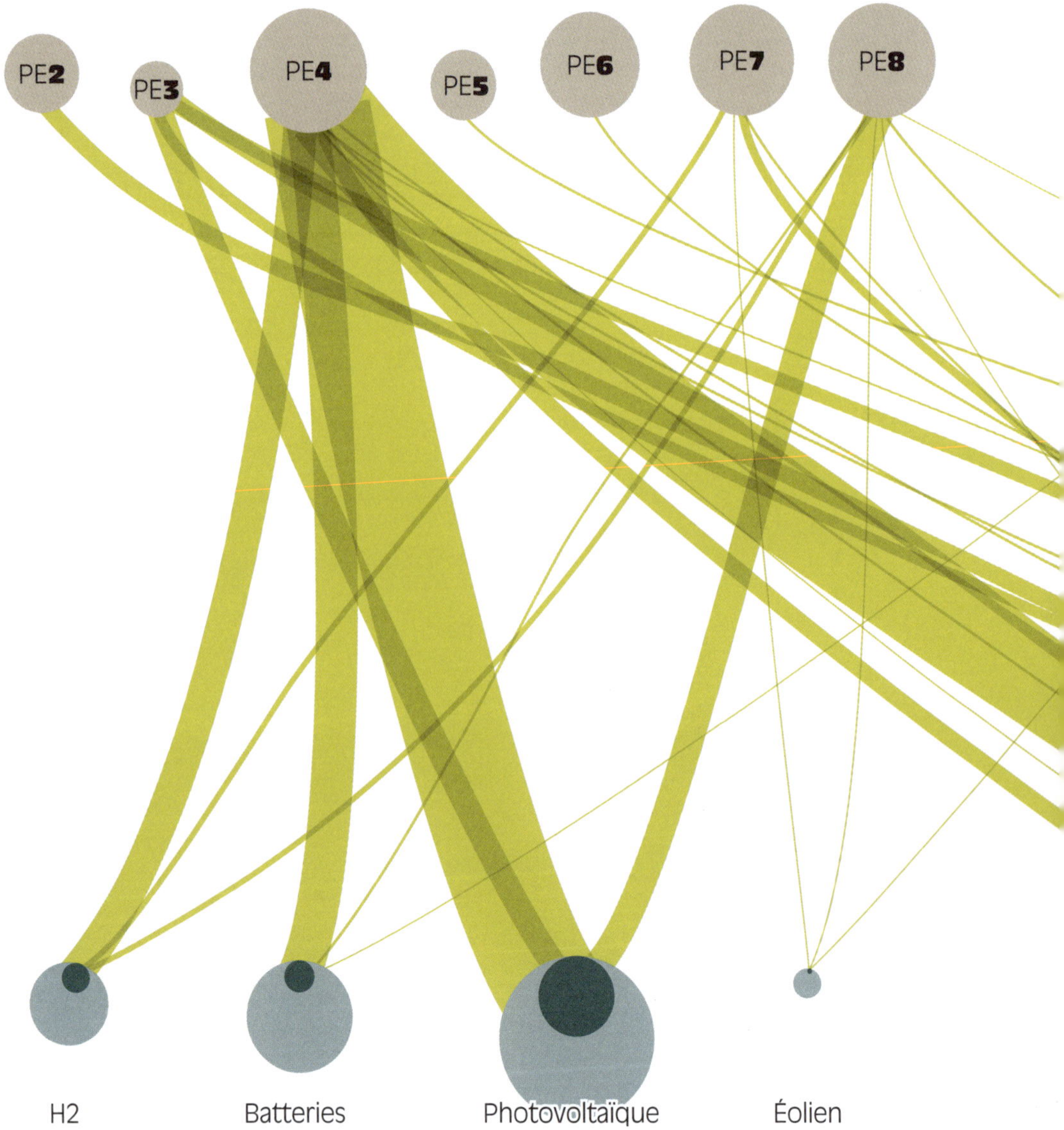

fig. **5.4**

Flux de citations entre les publications du noyau, par panel thématique, et les brevets de rupture de chaque technologie

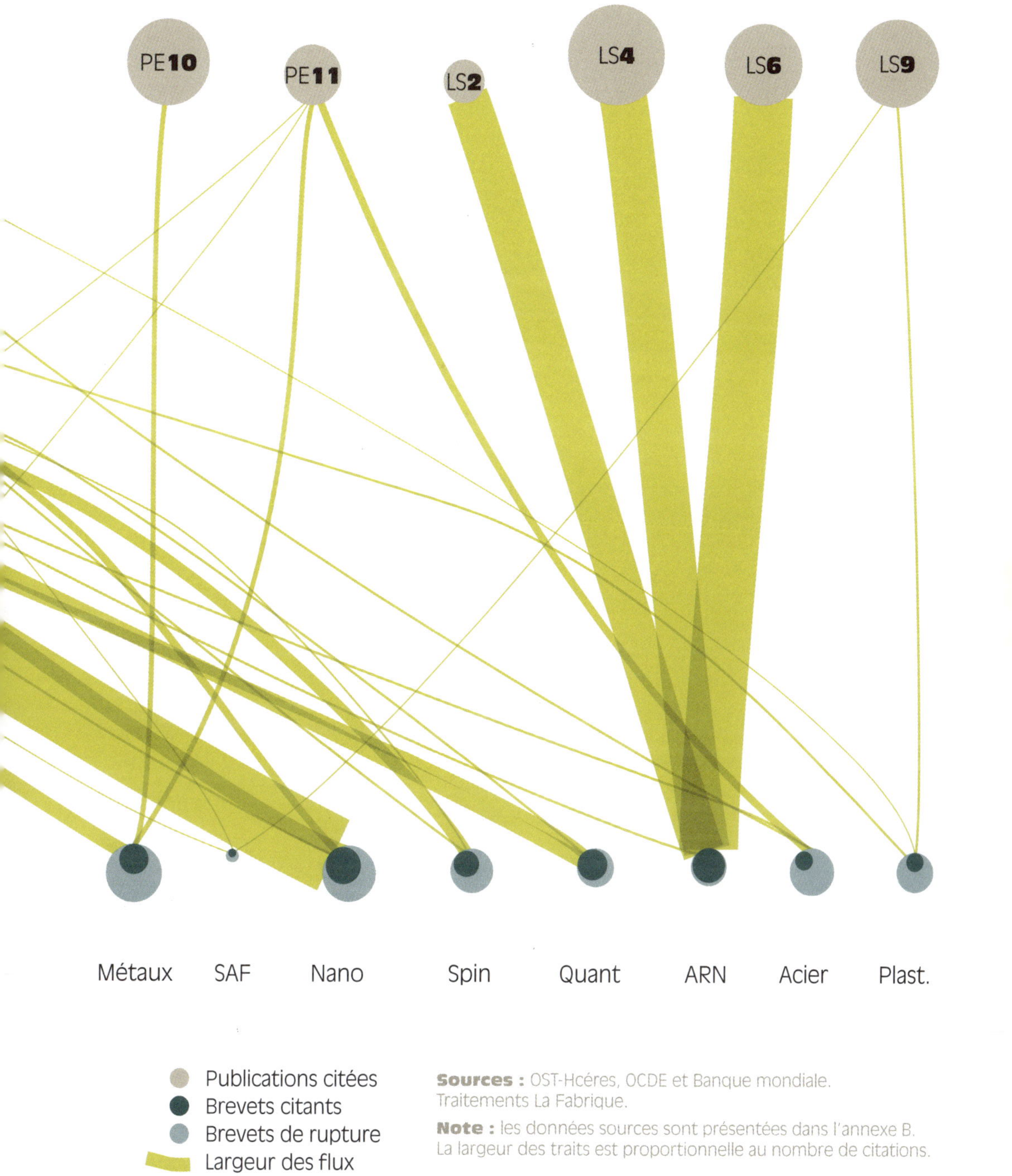

Sources : OST-Hcéres, OCDE et Banque mondiale. Traitements La Fabrique.

Note : les données sources sont présentées dans l'annexe B. La largeur des traits est proportionnelle au nombre de citations.

neuriat, la fiscalité, le marché du travail, l'éducation, la recherche. Ces différents facteurs conditionnent l'existence et la disponibilité des ressources nécessaires pour être présent dans les secteurs de pointe, et sans lesquelles une politique volontariste serait vaine, voire dangereuse car elle introduirait des charges supplémentaires sur les secteurs non sélectionnés par l'État.»

L'INNOVATION DE RUPTURE EST À LA FOIS NOURRIE PAR LA SCIENCE ET TIRÉE PAR LA DEMANDE

Les annexes K et M contiennent plusieurs séries de régressions qui visent à cerner les principaux mécanismes ou attributs favorisant statistiquement la part mondiale dans les dépôts de brevets de rupture, pour un pays et une technologie donnés.

Un premier point commun à toutes ces analyses est qu'elles ne produisent des résultats significatifs qu'à une double condition : d'une part, écarter la Chine de l'échantillon, parce qu'elle représente presque toujours un cas aberrant faisant «mentir» l'équation de la régression, d'autre part, conduire les tests sur les logarithmes des parts mondiales pour normaliser les résidus, autrement dit pour annuler la déformation induite par les plus grands pays[40]. En d'autres termes, la Chine est pour le moment encore sur une trajectoire technico-économique différente de celle de tous les autres pays testés : les rapports entre les grandeurs mesurées la situent toujours «en dehors du peloton», sur une droite de régression qui lui serait propre. Elle pèse très significativement sur certaines variables (comme les exportations ou la production manufacturière, par exemple), mais demeure relativement discrète dès lors qu'il s'agit de décompter les brevets de rupture ou des citations académiques de brevets - nous pourrons voir dans quelques années si son dynamisme en matière de dépôt de brevets aura pu effacer ce particularisme. En second lieu, si les résidus des régressions ne suivent pas spontanément une distribution normale, c'est non seulement parce que les pays ont des tailles hétérogènes, mais aussi et surtout parce qu'on peut observer au cas par cas de vastes écarts à la «moyenne» - plus précisément à la droite de régression - pour une technologie et un pays donnés, quand bien même chaque régression apparaît mathématiquement robuste. Cela signifie que les particularismes sont nombreux et parfois très marqués : chaque pays conserve ainsi, dans chaque technologie, une latitude particulière pour accentuer ou non son effort de recherche ou de développement technologique.

40— On a naturellement pensé à compter en unités relatives (par point de PIB ou par habitant) pour lever cette difficulté, mais, hormis l'ACP que nous commentons ci-dessus, ces essais ne mènent à aucun résultat probant.

> « L'important pour un pays n'est pas de produire beaucoup d'articles mais d'encourager la production d'articles jugés intéressants par les déposants de brevets. »

Cela étant précisé, que doit-on retenir de ces régressions ? Le tableau M-2 montre tout d'abord que la corrélation n'est pas convaincante entre les parts mondiales de brevets de rupture et les parts mondiales de publications dans le corpus total : le poids d'un pays dans la science mondiale ne fournit donc qu'un indice très approximatif de son poids dans les brevets de rupture pour une technologie donnée. La corrélation est plus nette quand on cherche à rapporter les parts mondiales dans les brevets de rupture avec les parts mondiales dans le PIB ou la valeur ajoutée manufacturière, plus nette encore avec les parts mondiales dans la dépense publique de R&D, et surtout particulièrement probante avec les parts mondiales dans la dépense privée de R&D (avec un coefficient très proche de l'unité). En résumé, des variables explicatives trop éloignées du processus industriel d'innovation (le PIB, les publications du WoS...) donnent les résultats les moins éloquents et, à mesure que l'on approche du « cœur du réacteur », c'est toujours la variable relative au secteur privé qui présente la meilleure corrélation (le PIB plutôt que les publications du WoS, la DNRDE plutôt que la DNRDA). Par conséquent, l'activité innovante dans les technologies de rupture est surtout liée à celle des industries en aval.

Toutefois, en amont, la chaîne séquentielle qui mène du financement public de la recherche à ces dépôts de brevets, en passant par les articles scientifiques du noyau et les citations académiques de brevets, est elle aussi marquée par des corrélations toujours significatives « pas à pas » (*cf.* tableaux M-3 à M-7), moyennant les remarques précédentes sur la dispersion des observations. L'innovation de rupture n'est donc pas uniquement *demand-pulled*, elle est aussi *science-pushed*, même si la robustesse de ce second lien de corrélation est légèrement moins convaincante, dans l'ensemble, que celle du premier.

D'ailleurs, notre essai d'équation multivariée en témoigne (tableau M-8). Les parts mondiales dans les dépôts de brevets de rupture apparaissent en premier lieu positivement et significativement liées à la part mondiale de la valeur ajoutée manufacturière et, quoique moins significativement, à la part mondiale de la dépense privée de R&D. Dans cette tentative d'équation de synthèse, la part mondiale dans les publications du noyau se présente comme une troisième variable à corrélation positive (mais modestement significative) et la part mondiale dans les publications académiques tous domaines confondus semble significative, mais assortie d'un signe négatif (non pas qu'il soit défavorable pour l'activité innovante de ces pays de disposer d'une intense production scientifique ; c'est plutôt qu'il faut ajouter un correctif négatif, si l'on se fie déjà aux parts mondiales de la valeur ajoutée industrielle et du financement privé de la R&D)[41].

Dans les tableaux K-6 à K-8, centrés respectivement sur les domaines des TIC, de la santé et des transports, on mesure que cet équilibre entre l'influence de l'activité scientifique en amont et celle de l'activité industrielle en aval peut fluctuer d'un secteur à l'autre. Dans le cas des TIC, qui recouvrent trois technologies de notre échantillon (spintronique, ordinateur quantique, nanoélectronique), les parts mondiales de dépôts de brevets de rupture sont plus nettement corrélées à celles des citations académiques de brevets (en amont, donc) qu'à celles de l'activité marchande en aval, mesurée par les exportations de biens et de services. Dans le cas de la santé (une seule technologie de rupture : l'ARN messager), les dépôts de brevets semblent aussi bien dépendre de la production scientifique en amont (les publications du noyau) que de la taille du marché en aval (les dépenses nationales de santé). Enfin, dans le domaine des transports (batteries pour VE et hydrogène), les dépôts de brevets sont également corrélés à la production

41— Le coefficient de la variable WoS est positif quand la régression est testée sur elle seule (*cf.* tableau M-2). Il s'agit donc ici d'apporter une correction négative aux trois autres effets positifs qui s'accumulent. Cela permet d'expliquer le très bon score de pays comme le Japon ou la Corée qui obtiennent de forts taux de brevets de rupture à partir d'une part mondiale du WoS relativement modeste.

scientifique en amont (les citations NPL) et à la taille du marché en aval (VA industrielle du secteur). Dans les deux premiers cas, il n'est pas possible de combiner les variables explicatives amont et aval sans affaiblir le modèle, ce qui suggère qu'elles sont liées entre elles, tandis que le troisième cas (les transports) ne présente pas la même particularité.

Dans l'ensemble, s'il fallait ne retenir qu'une seule corrélation, la plus probante est celle qui relie les parts mondiales de dépôts de brevets de rupture avec les parts mondiales de financement privé de la R&D.

LA FRANCE DOUBLEMENT AFFAIBLIE SUR LES FRONTS SCIENTIFIQUE ET INDUSTRIEL

Il découle des résultats précédents que le positionnement de la France doit être examiné sur plusieurs plans, en amont et en aval du processus d'innovation industrielle, pour aboutir à un diagnostic complet de ses résultats jugés décevants en matière de dépôt de brevets[42].

D'abord, sa production de connaissance apparaît de moins en moins dynamique, dans un contexte international très exigeant où un nombre croissant de pays investissent davantage que par le passé dans leurs capacités de recherche. À partir d'une analyse comparée des publications scientifiques depuis 2010, Lahatte et Sachwald (2024) montrent que la France est passée de la neuvième à la treizième place des principaux producteurs d'articles scientifiques. La Chine est certes devenue le premier producteur mondial, devant les États-Unis, mais on ne saurait expliquer le recul relatif français par le seul dynamisme des pays émergents. Il est en effet frappant que la France soit l'un des rares pays à voir le nombre de ses publications refluer entre 2010 et 2022 alors que d'autres pays à hauts revenus, comme les États-Unis, l'Allemagne ou le Royaume-Uni, enregistrent de leur côté une nette croissance (*cf.* figure 5.5).

Les auteurs constatent également que l'indice d'impact moyen des publications issues de la recherche française a fléchi au cours de la dernière décennie, passant de 1,1 en 2010 à 1 en 2021. Plusieurs États présentent au contraire un indice d'impact supérieur à 1, parfois même supérieur à 1,20 à l'instar du Royaume-Uni, des Pays-Bas, de la Suisse, des États-Unis et de l'Australie. La Chine, l'Italie, l'Allemagne et le Canada ont quant à eux des indices compris entre 1 et 1,15 en 2021.

Ce n'est donc pas seulement que la France est l'un des rares pays occidentaux à voir son nombre de publications scientifiques régresser ; c'est

42— Cette section doit beaucoup au travail préalable de Sonia Bellit.

fig. **5.5**

Part mondiale et taux de croissance des publications des 20 premiers pays publiant, 2010-2022

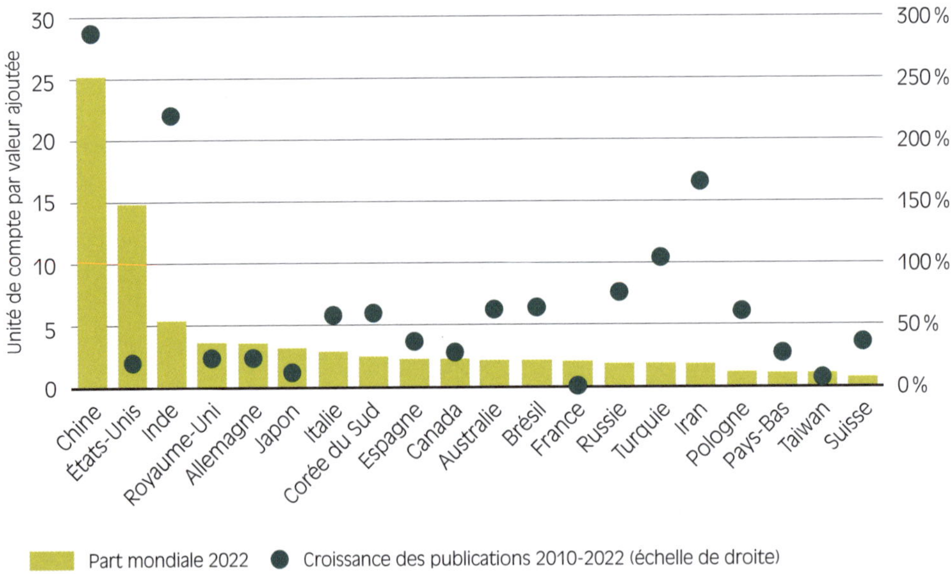

Source : Lahatte et Sachwald (2024).

aussi que le rayonnement de ses productions, déjà modeste en 2010, a depuis suivi une tendance défavorable. On peut en obtenir une confirmation grâce à un autre indicateur : le nombre de bourses obtenues par les laboratoires français auprès du Conseil européen de la recherche (ERC). L'ERC finance en effet des projets de recherche à la frontière de la connaissance, sur une base compétitive, ce qui lui vaut d'être reconnu comme un label d'excellence en Europe. De 2014 à 2018, la France a obtenu 11,8 % des bourses de l'ERC contre respectivement 19,8 % et 16,9 % pour le Royaume-Uni et l'Allemagne (*cf.* figure 5.6) : cette quote-part française se situe en deçà de sa part dans l'effort public de recherche, l'Allemagne et l'Italie étant dans le même cas, tandis que le Royaume-Uni, les Pays-Bas et la Suisse se distinguent par de belles performances eu égard à leur effort public de R&D.

fig. **5.6**

Part des bourses ERC obtenues entre 2014 et 2018 et part de la dépense publique de R&D dans la même zone géographique

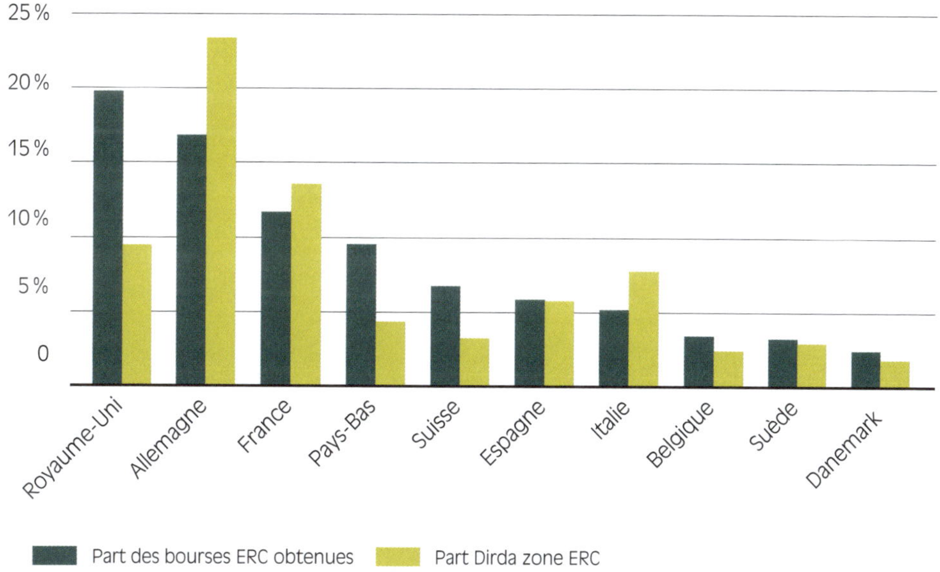

Source : OST (2021).

Ces constats étant rappelés, soulignons que si la France fait figure de puissance scientifique déclinante depuis deux décennies au moins, cela tient davantage encore à un effort comparativement insuffisant de la part de son tissu industriel. On sait en effet que, avec une dépense en R&D représentant 2,2 % du PIB en 2021, la France se situe plutôt dans le bas du classement des pays de l'OCDE, loin du leader coréen (4,9 % du PIB) et plus généralement des pays dont l'investissement dépasse la barre des 3 %, comme les États-Unis, la Suède, le Japon et l'Allemagne (*cf.* figure 5.7). Ce décalage n'est certes pas nouveau, mais il n'a fait que s'accentuer : en 2010, la part du PIB consacrée à la R&D en France était sensiblement la même qu'aujourd'hui, alors que d'autres pays ont enregistré une progression significative en la matière – la Corée du Sud dépensait à peine plus de 3 % de son PIB en R&D en 2010. Même si la dépense publique de R&D a vu son poids dans le PIB se tasser légèrement ces dernières

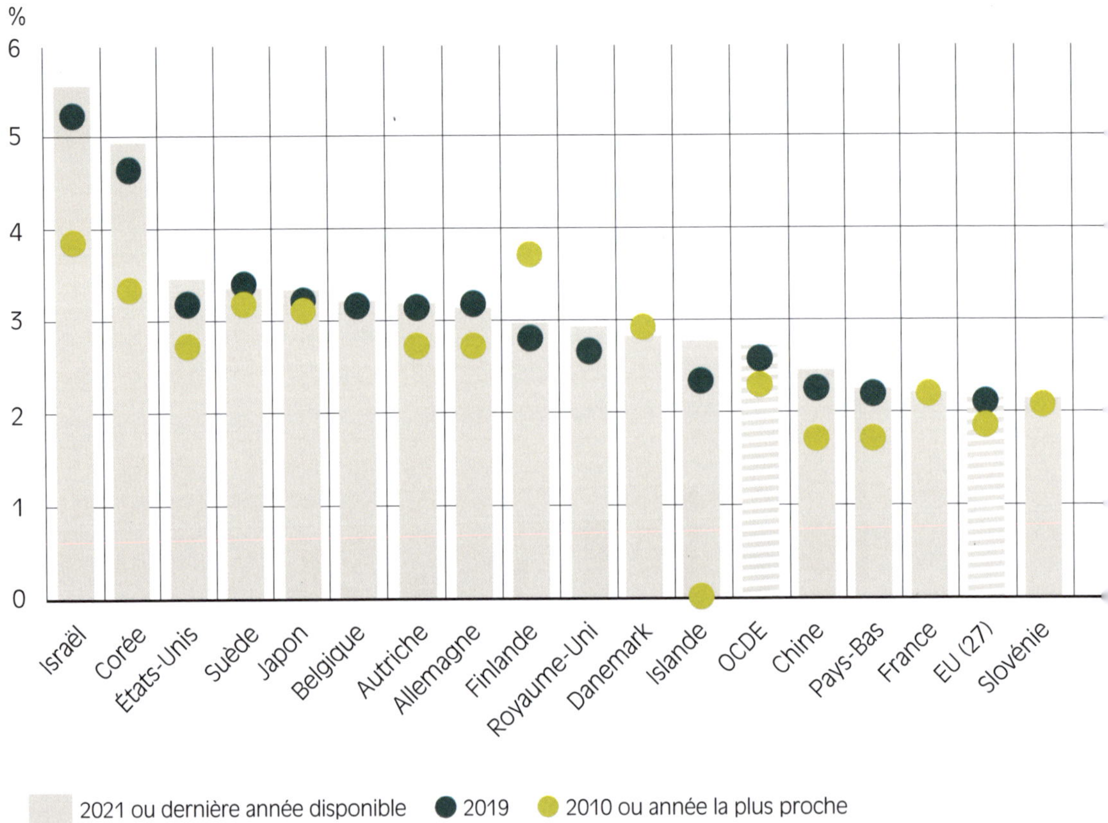

années, ce retard français est particulièrement imputable au secteur privé, et plus précisément à sa structure sectorielle : non seulement l'industrie y représente une part du PIB plus réduite qu'ailleurs mais les activités de haute technologie et intensives en connaissance y sont de surcroît sous-représentées (si la France et l'Allemagne avaient la même structure industrielle que celle de la moyenne des pays de l'OCDE, alors l'effort privé de R&D exprimé en points de PIB serait plus élevé en France qu'en Allemagne)[43].

La question soulevée par ces rappels statistiques est de savoir pourquoi certaines économies - pourtant aussi diverses sur les plans culturels et institutionnels que la Corée et les États-Unis - voient leur tissu productif évoluer rapidement, quand

43— Voir Le Ru (2012), Bourdu (2013).

fig. **5.7**

Dépense intérieure de R&D en 2021 dans les principaux pays de l'OCDE et en Chine (en % du PIB)

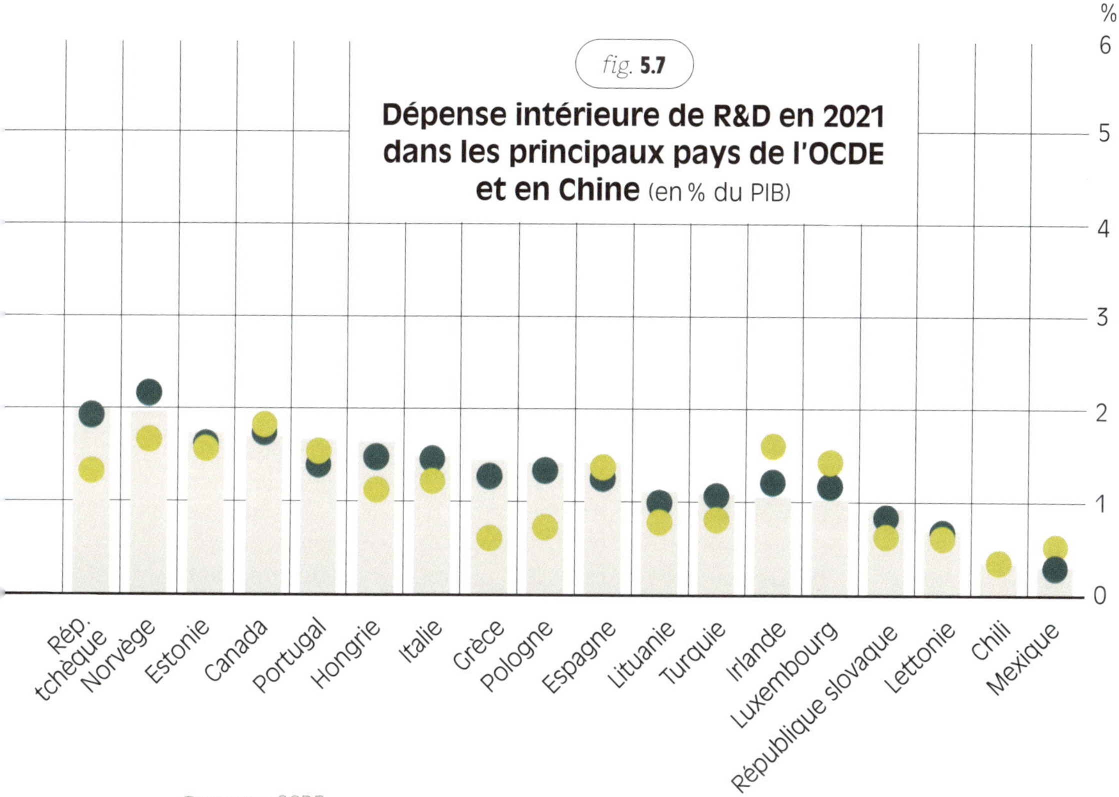

Source : OCDE.

d'autres, comme la France ou l'Allemagne, semblent ne pas avoir changé en vingt ans[44]. Plus précisément, quel rôle les États ont-ils pu jouer dans ces changements ? Cela passe-t-il nécessairement par une transformation structurelle de l'industrie ? Jusqu'à quel point l'innovation ne pourrait-elle s'accélérer à structure sectorielle constante ?

Les réponses à ces questions semblent ne pas être les mêmes d'un pays à l'autre. La Suède, par exemple, peut s'appuyer sur des entreprises qui investissent bien plus en R&D que leurs partenaires européens des mêmes secteurs (Bourdu, 2013).

Aux États-Unis, où l'effort unitaire de R&D de chaque entreprise

44— Une lecture attentive du graphique ci-dessus révèle que les évolutions peuvent aussi être défavorables, comme dans le cas de la Finlande après le déclin de Nokia et du secteur des TIC.

n'est pas particulièrement élevé, il est fréquemment avancé que certaines agences publiques de financement (Darpa, Barda) ont joué un rôle déterminant dans l'éclosion de certaines technologies et même de certains écosystèmes innovants, encourageant bien des chercheurs à recommander la création d'agences identiques en Europe[45]. Mais il est frappant de constater que la Darpa poursuit toujours des objectifs publics (notamment quand il s'agit de répondre aux besoins de l'armée ou à des besoins de santé publique) et ne semble pas se donner comme objectif premier de participer au renouvellement du tissu productif américain en tant que tel. La nature de son action, au titre d'outil de politique industrielle, mériterait donc d'être étudiée de près. En Corée du Sud, au contraire, les avancées technologiques récentes relèvent de politiques volontaristes, elles-mêmes nourries par l'ambition de l'État de voir le pays devenir leader mondial dans un nombre de domaines de plus en plus important (Faure, 2014). Si les entreprises coréennes sont à l'origine de l'essentiel des dépenses de R&D (79 % en 2021 selon l'OCDE), elles sont fortement structurées par un pilotage gouvernemental qui définit les grands objectifs à suivre en matière d'innovation. Les *chaebols*, conglomérats industriels familiaux au poids très important dans l'économie coréenne, sont eux-mêmes le résultat d'un plan gouvernemental qui a misé, dès les années 1960, sur un certain nombre de technologies clés, parmi lesquelles l'électronique et les transports. De ce fait, les investissements privés en R&D s'adossent très souvent à des financements publics, lesquels exigent des entreprises un investissement massif en contrepartie d'un accès privilégié aux appels d'offres (*ibid.*). Les projets récents autour des semi-conducteurs en sont une belle illustration : la Corée n'ambitionne rien de moins que de construire le centre de semi-conducteurs le plus grand et le plus innovant du monde grâce à un investissement privé total de près de 430 milliards d'euros de la part de Samsung Electronics et de SK Hynix. Ces derniers bénéficieront d'un soutien financier du gouvernement coréen, mais également de la création d'infrastructures.

Ces questionnements, dont le traitement complet sort du cadre de cette étude, sont à rapprocher des travaux qui mesurent et comparent les deux effets plausibles mais opposés de la dépense publique de R&D sur sa contrepartie privée : l'effet d'entraînement (*crowding-in*) et l'effet d'éviction (*crowding out*) (*cf.* encadré).

45— Tagliapietra et Veugelers (*op. cit.*), Bonvillian (2024), Bonvillian et Van Atta (2011), Mazzucato et Whitfill (2022), Azoulay *et al.* (2019)

EFFET D'ENTRAÎNEMENT VS. EFFET D'ÉVICTION

DIAMOND (1999) RÉCUSE, sur la base de données américaines, l'hypothèse d'un effet d'éviction de la dépense fédérale de R&D sur l'effort propre de R&D des entreprises et en conclut que des baisses de dépenses fédérales n'ont pas lieu d'être compensées par une augmentation de la dépense privée de R&D. Plus près de nous, Beck *et al.* (2018) parviennent au même résultat. Conolly (1997) observe également – sur le financement de la recherche universitaire cette fois – qu'il n'y a pas d'effet d'éviction détectable entre les différentes sources de financement de la recherche, mais au contraire un effet d'entraînement, chacun des partenaires étant incité à se tourner vers les équipes au meilleur niveau.

Damrich *et al.* (2022) apportent une nuance importante à ces travaux antérieurs. Ils admettent que la théorie économique standard reconnaît l'existence de tels effets d'entraînement, mais pointent que ces derniers sont difficiles à observer dans les faits, à plus forte raison puisque les efforts public et privé de R&D (en proportion du PIB) ont récemment eu tendance à évoluer en sens contraires dans la plupart des pays développés. Pour expliquer ce paradoxe, ils modélisent la science comme un «bien de contribution», sorte d'intermédiaire entre un bien public pur et un bien privé pur.* En se concentrant sur la répartition des talents scientifiques et commerciaux entre les secteurs privé et public, ils identifient divers mécanismes par lesquels l'action gouvernementale peut engendrer à la fois des effets d'éviction et d'entraînement sur le secteur privé.

Ils distinguent deux étapes clés pour les politiques publiques : l'accumulation d'une masse critique de connaissances dans des domaines non encore investis par le secteur privé et, d'autre part, l'encouragement à accroître les efforts sur des domaines existants. Les effets d'entraînement sur le secteur privé peuvent l'emporter sur les effets d'éviction sous réserve de bonne conception de la politique publique… sans qu'il soit aisé d'en dégager une recette universelle. En outre, le modèle suggère qu'il existe un niveau optimal de science publique où les rentes d'innovation sont maximisées (sur des marchés de biens classiquement concurrentiels, et hors cas particuliers où l'État est lui-même le client, comme dans la défense ou la santé publique), et au-delà duquel les effets d'éviction sur le secteur privé croissent à nouveau.

* Comme pour un bien public, la connaissance est réputée non rivale, mais sa valeur intervient lors de l'ajout par les chercheurs de connaissances nouvelles au stock existant : non seulement parce que le mérite attribué par les pairs à cette contribution sert d'incitation individuelle aux chercheurs, mais aussi parce que c'est le versement de cette contribution au «pot commun» qui permet d'accéder au stock de connaissances antérieures et d'en tirer de possibles rentes dans la perspective de leur valorisation commerciale. Ce modèle a notamment été développé par Kealey et Ricketts (2021).

En fin

Conclusion

À L'ISSUE DE CETTE ÉTUDE, on retiendra que l'innovation de rupture est un phénomène à la fois très marginal par le nombre de brevets et d'articles scientifiques qui la concernent et radical par sa capacité à transformer les marchés et à faire avancer la science. Tout en s'en distinguant par leur impact élevé, ces articles et ces brevets se fondent parmi tous ceux qui, nettement plus nombreux, jalonnent le cheminement de la connaissance depuis la science jusqu'à l'innovation, par le truchement d'une longue chaîne d'interconnexions : les liens de citation. La jonction effective entre ces deux vastes mondes reste le fait d'une minorité d'articles et de brevets, parmi lesquels les articles les plus cités et les brevets de rupture sont surreprésentés.

La performance des pays en matière d'innovation de rupture est fonction de trois grands facteurs : le volume de leur activité scientifique et technologique, l'excellence de leur recherche, autrement dit leur capacité à publier des articles à fort impact, et la capacité de leur secteur privé, idéalement aligné avec l'effort public, à passer à l'échelle. Le premier de ces trois critères est par définition l'apanage des plus grandes économies mondiales et des pays les plus industrialisés. Le deuxième semble particulièrement perceptible aux États-Unis et au Royaume-Uni, même si la Corée et le Japon ne sont pas en reste. Le troisième se révèle plutôt comme la marque distinctive des deux puissances asiatiques. La France, elle, n'affiche de performance remarquable sur aucun des trois. La Chine concède, provisoirement peut-être, une contre-performance plus nette encore, réalisant un effort scientifique très soutenu sans produire encore autant de résultats que les autres pays en matière de brevets.

Si le positionnement des plus grandes puissances technologiques de la planète apparaît ainsi presque bimodal, entre celles qui parviennent surtout à produire de la « science brevetable » et celles qui réussissent en outre à « transformer l'essai » sur le terrain de l'innovation, c'est notamment parce que les connaissances circulent abondamment et très librement dans le monde, entre auteurs des publications et déposants de brevets. Hormis le cas particulier des États-Unis, chaque pays contribue scientifiquement à des brevets de rupture étrangers bien plus souvent qu'à des brevets de rupture domestiques ;

de même, ses propres brevets de rupture puisent bien davantage à des sources scientifiques étrangères que nationales. Une première conclusion en est que les politiques publiques qui encouragent le passage de la recherche à l'innovation à une échelle locale ou nationale captent une part seulement du phénomène qu'ils entendent favoriser.

Ce qui leur échappe, cette « part des anges », qu'on pourrait appeler rayonnement scientifique mondial et que les économistes nomment « externalités de connaissances », ne représente pas toujours une perte sèche. En effet, la deuxième conclusion que l'on peut tirer de l'analyse des flux de citations est que, en volume, les États-Unis sont le seul pays dont on puisse dire qu'il « offre » abondamment sa science aux innovateurs étrangers. Mais la lecture des flux nets révèle une perspective très différente : les déposants américains de brevets vont puiser auprès de sources académiques étrangères deux à trois fois plus de références scientifiques que ce qui se produit en sens contraire. Faute d'une extraversion comparable de leur industrie, les autres pays, qu'ils soient petits ou même moyens, ont en apparence un meilleur taux de retour de leur effort national de recherche au profit de leur industrie domestique, mais sont en réalité plus souvent exportateurs nets de science à l'égard du reste du monde. Ce constat peut sembler en rupture avec plusieurs représentations courantes, tant sur la justification des efforts nationaux de recherche (exclusivement appréhendée à l'échelle nationale) que sur les méthodes d'innovation caractéristiques des principales puissances économiques (où l'on se figure volontiers un flux de connaissances dominant partant d'Europe en direction de l'Asie). Il ouvre également un questionnement sur les moyens d'encourager les entreprises du Vieux Continent à puiser aux meilleures sources scientifiques mondiales afin de renforcer leur démarche d'innovation.

Ce découplage géographique prononcé entre les lieux où se produit la science et les lieux où sont développées les technologies de rupture nous invite à considérer avec circonspection la thèse pourtant très répandue d'un « paradoxe français » (ou européen), qui expliquerait nos faibles performances dans le domaine de l'innovation. Le positionnement d'un pays donné en matière d'innovation de rupture apparaît dans notre étude comme étroitement corrélé à la puissance technologique de son industrie domestique (elle-même produit de son volume et de son intensité en activités inventives), mais aussi à l'excellence de son dispositif de recherche, qui doit être capable de publier en grandes quantités des articles à fort impact qui sauront inspirer les déposants de brevets. Il ne semble pas possible de renoncer à cette double explication, d'une innovation principalement *industry-pulled* mais aussi *science-pushed*, sans risquer de n'avoir du phénomène qu'une perception tronquée – l'équilibre entre ces deux forces d'entraînement variant selon toute probabilité selon les technologies et les marchés. L'idée que la France et ses voisins européens pourraient être ralentis dans leur effort d'innovation « seulement » à cause d'un lien inefficace ou même d'un divorce culturel entre deux univers par ailleurs dynamiques, la science et l'industrie, est donc insuffisante pour rendre compte des constats contenus dans cette étude.

Certes, il est des pays asiatiques qui savent mieux qu'en Europe aligner les efforts de recherche et d'innovation des secteurs public et privé. Les performances européennes en la matière sont ainsi, sinon paradoxales, du moins perfectibles. Soulignons tout de même que cet alignement a été constaté ici en des termes macroéconomiques et sectoriels : nous ne pouvons rien conclure à ce stade sur les impacts comparés des politiques publiques qui visent à rapprocher la recherche de l'industrie, tantôt sur une base institutionnelle, tantôt à une échelle territoriale, sauf à constater qu'elles auront toujours par construction une efficacité partielle. *A contrario*, quelle qu'ait pu être la popularité de cette thèse d'un paradoxe français ou européen, le décrochage de la France en matière d'innovation de rupture tient principalement, d'une part, à un effort public de recherche insuffisant, principalement en volume mais sans doute aussi en impact, et d'autre part et surtout au fait que son tissu productif, faiblement industrialisé et se renouvelant peu, fournit spontanément un effort de R&D qui n'est plus à la hauteur de ce qu'on peut attendre pour résoudre les défis technologiques du XXIe siècle. Il n'est pas interdit d'envisager ces deux chantiers séparément ; à tout le moins, l'examen des performances des autres pays nous invite à considérer que la France pourrait améliorer, puis tirer parti de ces deux facultés recouvrées indépendamment l'une de l'autre.

En réf

Bibliographie

Aghion, P. (2023). Pour une nouvelle coopération après le Brexit. *Revue d'économie financière*, N° 148(4), 213-219.

Ahmadpoor, M., & Jones, B. F. (2017). The dual frontier: Patented inventions and prior scientific advance. *Science*, 357(6351), 583-587.

Akrich, M., Callon, M., & Latour, B. (1988). À quoi tient le succès des innovations ? 1 : L'art de l'intéressement ; 2 : Le choix des porte-parole. *Gérer et Comprendre. Annales des Mines, 11 & 12*, 4.

Álvarez, I., & Molero, J. (2005). Technology and the generation of international knowledge spillovers: An application to Spanish manufacturing firms. *Research Policy*, 34(9), 1440-1452.

Argyropoulou, M., Soderquist, K. E., & Ioannou, G. (2019). Getting out of the European Paradox trap: Making European research agile and challenge driven. *European Management Journal*, 37(1), 1-5.

Artz, K. W., Norman, P. M., Hatfield, D. E., & Cardinal, L. B. (2010). A longitudinal study of the impact of R&D, patents, and product innovation on firm performance. *Journal of Product Innovation Management*, 27(5), 725-740.

Audretsch, D. B., & Feldman, M. P. (2004). Chapter 61 Knowledge spillovers and the geography of innovation. In *Handbook of Regional and Urban Economics* (Vol. 4, p. 27132739). Elsevier.

Azoulay, P., Fuchs, E., Goldstein, A. P., & Kearney, M. (2019). Funding breakthrough research: Promises and challenges of the 'ARPA model'. *Innovation Policy and the Economy*, 19, 69-96.

Bacchiocchi, E., & Montobbio, F. (2010). International Knowledge Diffusion and Home-bias Effect: Do USPTO and EPO Patent Citations Tell the Same Story?: International knowledge diffusion and home-bias effect. *Scandinavian Journal of Economics*.

Ballandonne, M. (2015). The old economics of science and the non linear model of innovation. *SSRN Electronic Journal*.

Barba, C., Bourdoncle, F., Carduner, M., Kosciusko-Morizet, P., Kott, L., Manara, C., & Zaleski, M. (2008, juillet 7). « Un Google français n'est pas qu'une utopie ». *Le Monde*.

Barrios, S., Bertinelli, L., Heinen, A., & Strobl, E. (2007). Exploring the link between local and global knowledge spillovers [MPRA Paper].

Barrios, S., Bertinelli, L., Heinen, A., & Strobl, E. (2012). Exploring the existence of local and global knowledge spillovers: Evidence from plant-level data. *The Scandinavian Journal of Economics*, 114(3), 856-880.

Barthe, Y., Callon, M., & Lascoumes, P. (2014). *Agir dans un monde incertain. Essai sur la démocratie technique*. Le Seuil.

Beck, M., Junge, M., & Kaiser, U. (2018). Public funding and corporate innovation [Application/pdf]. 48 p.

Bellit, S., & Charlet, V. (2023). *L'innovation de rupture, terrain de jeu exclusif des start-up ? L'industrie française face aux technologies clés*. Presses des Mines-Transvalor la Fabrique de l'industrie.

Bergeaud, A. (2024, juillet 1). *The past, present and future of European productivity. Monetary policy in an era of transformation*, Sintra.

Bergeaud, A., Guillouzouic, A., Henry, E., & Malgouyres, C. (2022). From public labs to private firms: Magnitude and channels of R&D spillovers. *CEP Discussion Papers*, Article dp1882.

Biegelbauer, P., & Weber, M. (2018). EU research, technological development and innovation policy. In *Handbook of European Policies* (p. 241-259). Edward Elgar Publishing.

Blanpied, W. A. (1998). European Union policies for the 21st century. *Science and Public Policy*, 25(4), 277-278.

Bonvillian, W. B. (2024). Operation warp speed: Harbinger of American industrial innovation policies. *Science and Public Policy*, 51(6), 1195-1211.

Bonvillian, W. B., & Van Atta, R. (2011). ARPA-E and DARPA: Applying the DARPA model to energy innovation. *The Journal of Technology Transfer*, 36(5), 469-513.

Bourdu, É. (2013). *Les Transformations du modèle économique suédois* (Les Notes de La Fabrique, Vol. 3). Presses des Mines.

Bush, V., & Holt, R. D. (2021). *Science, the Endless Frontier*. Princeton University Press.

Callon, M. (1994). Is Science a Public Good? Fifth Mullins Lecture, Virginia Polytechnic Institute, 23 March 1993. *Science, Technology, & Human Values*, 19(4), 395-424.

Caracostas, P., & Muldur, U. (1998). *Society, the Endless Frontier: A European vision of Research and Innovation Policies for the 21st Century*. European Commission, Directorate-General XII-Science, Research and Development.

Chesbrough, H. (2006). *Open Innovation: The New Imperative for Creating and Profiting from Technology (Nachdr.)*. Harvard Business School Press.

Coe, D. T., & Helpman, E. (1993). International R&D spillovers [NBER Working Papers].

Commission européenne (1995). *Livre vert sur l'innovation.*

Connolly, L. S. (1997). Does external funding of academic research crowd out institutional support? *Journal of Public Economics*, 64(3), 389-406.

Conti, A., & Gaule, P. (2011). Is the US outperforming Europe in university technology licensing? A new perspective on the European Paradox. *Research Policy*, 40(1), 123-135.

Crédits budgétaires publics de R-D. (2016). In OCDE, *Manuel de Frascati* 2015 (p. 357-382). OECD.

Damrich, S., Kealey, T., & Ricketts, M. (2022). Crowding in and crowding out within a contribution good model of research. *Research Policy*, 51(1), 104400.

David, P. A., Hall, B. H., & Toole, A. A. (2000). Is public R&D a complement or substitute for private R&D? A review of the econometric evidence. *Research Policy*, 29(4-5), 497-529.

Dedrick, J., & Kraemer, K. L. (2015). Who captures value from science-based innovation? The distribution of benefits from GMR in the hard disk drive industry. *Research Policy*, 44(8), 1615-1628.

Desjeux, M. (2024). Productivité et politique industrielles : Deux défis à relever conjointement. *Les Synthèses de La Fabrique*, 29.

Diamond, A. M. (1999). Does federal funding 'crowd in' private funding of science? *Contemporary Economic Policy*, 17(4), 423-431.

Dosi, G., Llerena, P., & Labini, M. S. (2006). The relationships between science, technologies and their industrial exploitation: An illustration through the myths and realities of the so-called 'European Paradox'. *Research Policy*, 35(10), 1450-1464.

Dosi, G., Llerena, P., & Labini, M. S. (2009). Does the 'European Paradox' Still Hold? Did it Ever? In *European Science and Technology Policy*. Edward Elgar Publishing.

Dosi, G., Malerba, F., & Orsenigo, L. (1994). Evolutionary regimes and industrial dynamics. In L. Magnusson (éd.), *Evolutionary and Neo-Schumpeterian Approaches to Economics* (Vol. 36, p. 203-229). *Springer Netherlands.*

Dosi, G., & Nelson, R. R. (2010). Technical change and industrial dynamics as evolutionary processes. In *Handbook of the Economics of Innovation* (Vol. 1, p. 51-127). Elsevier.

Draghi, M. (9 sept 24). *The future of European competitiveness*. Commission européenne.

Duranton, G., & Puga, D. (2004). Chapter 48 - Micro-foundations of urban agglomeration economies. In *Handbook of Regional and Urban Economics* (Vol. 4, p. 2063-2117). Elsevier.

Edgerton, D. (2004). 'The linear model' did not exist: Reflections on the history and historiography of science and research in industry in the twentieth century. In *The Science-Industry Nexus: History, Policy, Implications*. Watson.

Eugster, J. L., Ho, G., Jaumotte, F., & Piazza, R. (2022). International knowledge spillovers. *Journal of Economic Geography*, 22(6), 1191-1224.

European Economics. (2020). *Évaluation finale du programme d'investissement d'avenir PIA-ADEME (2010-2019)*. Ademe.

Evans, D. S. (2024). Why can't Europe create digital businesses? *SSRN Electronic Journal.*

Faure, G. (2014). Corée du Sud : Les stratégies d'une puissance scientifique et technologique émergente. *Outre-Terre*, N° 39(2), 91-104.

Fragkandreas, T. (2013). When innovation does not pay off: Introducing the 'European regional Paradox'. *European Planning Studies*, 21(12), 2078-2086.

Fritsch, M., & Franke, G. (2004). Innovation, regional knowledge spillovers and R&D cooperation. *Research Policy*, 33(2), 245-255.

Gaida, J., Wong-Leung, J., Robin, S., & Cave, D. (2023). *Who is leading the critical technology race?* (Policy Brief No. 69/2023). Australian Strategic Policy Institute.

Gazni, A., & Ghaseminik, Z. (2019). The increasing dominance of science in the economy: Which nations are successful? Scientometrics, 120(3), 1411-1426.

Globerman, S., Vining, A., & Shapiro, D. (2005). Clusters and intercluster spillovers: Their influence on the growth and survival of Canadian information technology firms. *Industrial and Corporate Change*, 14(1), 27-60.

Godin, B. (2006). The linear model of innovation: The historical construction of an analytical framework. *Science, Technology, & Human Values*, 31(6), 639-667.

Godin, B. (2011). The linear model of innovation: Maurice Holland and the research cycle. *Social Science Information*, 50(3-4), 569-581.

Grillitsch, M., & Nilsson, M. (2015). Innovation in peripheral regions: Do collaborations compensate for a lack of local knowledge spillovers? *The Annals of Regional Science*, 54(1), 299-321.

Guellec, D., & Van Pottelsberghe De La Potterie, B. (2003). The impact of public R&D expenditure on business R&D. *Economics of Innovation and New Technology*, 12(3), 225-243.

Harfi, M., & Lallement, R. (2021). *Évaluation du crédit d'impôt recherche* (Rapport de la commission nationale d'évaluation des politiques d'innovation). France Stratégie.

Herranz, N., & Ruiz-Castillo, J. (2013). The end of the 'European Paradox'. *Scientometrics*, 95(1), 453-464.

Holl, A., Peters, B., & Rammer, C. (2023). Local knowledge spillovers and innovation persistence of firms. *Economics of Innovation and New Technology*, 32(6), 826-850.

Hunt, J., Cockburn, I. M., & Bessen, J. E. (2024). *Is Distance from Innovation a Barrier to the Adoption of Artificial Intelligence?* (SSRN Scholarly Paper No. 4978701). Social Science Research Network.

Institutul pentru Studii Politice de Apărare și Istorie Militară, & Ilinca,

D. (2022). Problematica tehnologiilor disruptive în contextul cooperării europene în domeniul apărării. Gândirea Militară Românească, 2022(4), 204-221.

Jaffe, A. B. (1986). Technological opportunity and spillovers of R&D: Evidence from firms' patents, profits and market value (SSRN Scholarly Paper No. 242123). *Social Science Research Network.*

Jonkers, K., & Sachwald, F. (2018). The dual impact of 'excellent' research on science and innovation: The case of Europe. *Science and Public Policy*, 45(2), 159-174.

Kaiser, R. (2003). Innovation policy in a multi-level governance system. In *Changing Governance of Research and Technology Policy* (p. 290-310). Edward Elgar Publishing.

Kalyani, A. (2022). The Creativity Decline: Evidence from US Patents. *SSRN Electronic Journal.*

Kang, D., & Dall'erba, S. (2016). An examination of the role of local and distant knowledge spillovers on the US regional knowledge creation. *International Regional Science Review*, 39(4), 355-385.

Karsenty, J.-P. (2006, décembre 17). *Du CESTA à la création d'EUREKA*. La lettre de l'Institut François-Mitterrand.

Kealey, T., & Ricketts, M. (2021). The contribution good as the foundation of the industrial revolution. In *Governing Markets as Knowledge Commons.* Cambridge University Press.

Keller, W. (2001). Knowledge spillovers at the world's technology frontier. SSRN.

Kogan, L., Papanikolaou, D., Seru, A., & Stoffman, N. (2017). Technological Innovation, Resource Allocation, and Growth. *The Quarterly Journal of Economics*, 132(2), 665712.

Krugman, P. (1991). Increasing returns and economic geography. *Journal of Political Economy*, 99(3), 483-499.

Lahatte, A., & de Turckheim, É. (2024). Impact of a reclassification on Web of Science articles on bibliometric indicators (Version 1). *ArXiv.*

Lahatte, A., & Sachwald, F. (2024). Dynamique des publications scientifiques : Le cas de la France. *Futuribles*, 458(1), 53-71.

Larédo, P., & Mustar, P. (1994). Les institutions face aux stratégies des laboratoires de recherche. *Politiques et management public*, 12(2), 99-114.

Larrue, P. (2023). *Répondre aux défis sociétaux : Le retour en grâce des politiques « orientées mission » ?* Presses des Mines-Transvalor la Fabrique de l'industrie.

Latour, B. (2011). *Pasteur : guerre et paix des microbes.* Suivi de *Irréductions.* (Nouvelle éd.). La Découverte.

Latour, B., Biezunski, M., & Latour, B. (2010). *La Science en action. Introduction à la sociologie des sciences.* La Découverte / Poche.

Latour, B., Woolgar, S., & Latour, B. (2013). *La Vie de laboratoire. La production des faits scientifiques* (Nachdr.). La Découverte.

Le Ru, N. (2012). Un déficit d'effort de recherche des entreprises françaises ? Comparaison France-Allemagne. Ministère de l'Enseignement supérieur et de la Recherche.

Leydesdorff, L., & Park, H. W. (2016). Full and fractional counting in bibliometric networks (No. arXiv:1611.06943). ArXiv.

Lorenz, E. H., & Lundvall, B.-Å. (éd.). (2006). *How Europe's Economies Learn: Coordinating Competing Models.* Oxford University Press.

Magnusson, L. (éd.). (1994). *Evolutionary and Neo-Schumpeterian Approaches to Economics* (2. print). Kluwer Academic Publ.

Mansfield, E. (1984). R&D and innovation: Some empirical findings. In *R&D, Patents, and Productivity* (Griliches Zvi, p. 127-154). University of Chicago Press.

Marklund, G., Vonortas, N. S., Wessner, C. W. (éd.), (2009). *The Innovation Imperative: National Innovation Strategies in the Global Economy.* Elgar.

Martin, S., & Scott, J. T. (1998, février). *Market Failures and the Design of Innovation Policy. Working Group on Technology and Innovation Policy* (OECD), Paris.

Martin, S., & Scott, J. T. (2000). The nature of innovation market failure and the design of public support for private innovation. *Research Policy*, 29(4-5), 437-447.

Marx, M., & Fuegi, A. (2020). Reliance on science: Worldwide front-page patent citations to scientific articles. *Strategic Management Journal*, 41(9), 15721594.

Marx, M., & Fuegi, A. (2022). Reliance on science by inventors: Hybrid extraction of in-text patent-to-article citations. *Journal of Economics & Management Strategy*, 31(2), 369-392.

Mazzucato, M. (2016). From market fixing to market-creating: A new framework for innovation policy. *Industry and Innovation*, 23(2), 140-156.

Mazzucato, M. (2018). Mission-oriented innovation policies: Challenges and opportunities. *Industrial and Corporate Change*, 27(5), 803-815.

Mazzucato, M., & Whitfill, T. (2022, juin 24). Expanding DARPA's model of innovation for biopharma. UCL.

Milojević, S. (2020). Practical method to reclassify Web of Science articles into unique subject categories and broad disciplines. *Quantitative Science Studies*, 1(1), 183-206.

Les chiffres clés de la défense (édition 2021). Ministère des Armées.

Mohnen, P., Dagenais, M., & Viennot, N. (1997, janvier). The effectiveness of R&D tax incentives.

Murray, F., & Stern, S. (2006). When ideas are not free: The impact of patents on scientific research. *Innovation Policy and the Economy*, 7, 33-69.

Nagar, J. P., Breschi, S., & Fosfuri, A. (2023). From academia to invention: Decoding the European Paradox through Erc science (*SSRN Scholarly Paper* No. 4635463).

Nagar, J. P., Breschi, S., & Fosfuri, A. (2024). ERC science and invention: Does ERC break free from the EU Paradox? *Research Policy*, 53(8), 105038.

Narin, F. (1994). Patent bibliometrics. *Scientometrics*, 30(1), 147-155.

Nelson, R. R. (2016). The sciences are different and the differences matter. *Research Policy*, 45(9), 1692-1701.

Néri, C. (2018, septembre 5). « Un Google français naîtra quand on acceptera de voir grand ». *La Tribune*.

Nguyen, C. M., & Choung, J. (2023). Innovation Paradox - a Comparison between Sweden and Korea (*SSRN Scholarly Paper* No. 4509570).

Niosi, J., & Zhegu, M. (2005). Aerospace clusters: Local or global knowledge spillovers? *Industry and Innovation*, 12(1), 5-29.

Nouveau, P. (2022). Falling behind and in between the United States and China: Can the European Union drive its digital transformation away from industrial path dependency? In *EU Industrial Policy in the Multipolar Economy*. Jean-Christophe Defraigne, Jan Wouters, Edoardo Traversa, Dimitri Zurstrassen (éd.), p. 332-381. Edward Elgar Publishing.

Nye, D. E. (2006). From Science to Industry? Flaws in the Linear Model. *Isis*, 97(3), 543545.

OECD (2023, mars 16). OECD *Science, Technology and Innovation Outlook* 2023.

Oliveira, M. B. D. (2014). Technology and basic science: The linear model of innovation. *Scientiae Studia*, 12(spe), 129-146.

OST (2021). *La Position scientifique de la France dans le monde et en Europe*. 2005-2018. Hcéres.

Park, M., Leahey, E., & Funk, R. J. (2023). Papers and patents are becoming less disruptive over time. *Nature*, 613(7942), 138-144.

Perianes-Rodriguez, A., Waltman, L., & van Eck, N. J. (2016). Constructing bibliometric networks: A comparison between full and fractional counting. *Journal of Informetrics*, 10(4), 1178-1195.

Peruffo, E., Rodríguez, R., Mandl, I., & Bisello, M., avec l'European Foundation for the Improvement of Living and Working Conditions (2020). *Game-Changing Technologies: Transforming Production and Employment in Europe*. Publications Office of the European Union.

Petersen, A. M., Arroyave, F., & Pammolli, F. (2023). The disruption index suffers from citation inflation and is confounded by shifts in scholarly citation practice. *SSRN Electronic Journal.*

Pinto, H. (éd.). (2015). *Resilient Territories: Innovation and Creativity for New Modes of Regional Development*. Cambridge Scholars.

Polanyi, M. (1967). *The Tacit Dimension.* Doubleday.

Porter, M. E. (1996). Competitive advantage, agglomeration economies, and regional policy. *International Regional Science Review*, 19(1-2), 85-90.

Potier, B. (2020). *Faire de la France une économie de rupture technologique.*

Qiu, S., Liu, X., & Gao, T. (2017). Do emerging countries prefer local knowledge or distant knowledge? Spillover effect of university collaborations on local firms. *Research Policy*, 46(7), 1299-1311.

Quemener, J., Miotti, L., & Maddi, A. (2024). Technological impact of funded research: A case study of nonpatent references. *Quantitative Science Studies*, 5(1), 170186.

Rabeharisoa, V., & Callon, M. (1998). L'implication des malades dans les activités de recherche soutenues par l'Association française contre les myopathies. *Sciences sociales et santé*, 16(3), 41-65.

Radicic, D., & Pugh, G. (2017). R&D programmes, policy mix, and the 'European Paradox': Evidence from European SMEs. Science and Public Policy, 44(4), 497-512.

Rodríguez-Navarro, A., & Narin, F. (2018). European Paradox or delusion: Are European science and economy outdated? *Science and Public Policy*, 45(1), 14-23.

Samuelson, P. (1954). The pure theory of public goods. *The Review of Economics and Statistics*, 36(4), 387-389.

Santoprete, G., & Berni, P. (2010). *Knowledge management, European Paradox and triple helix*. 2010 International Conference on Management and Service Science, 1-4.

Smith, B. L. R. (1986). A new 'technology gap' in Europe? *SAIS Review* (1956-1989), 6(1), 219-236.

Soete, L. (2002, novembre 24). The European research area: Perspectives and opportunities.

Stefan, I., & Bengtsson, L. (2016). Appropriability: A key to opening innovation internationally ? *International Journal of Technology Management*, 71(3-4), 232-252.

Stiglitz, J. E. (1999). Knowledge as a global public good. In *Global Public Goods: International Cooperation in the 21st Century* (Vol. 308, p. 308-325).

Stokes, D. E. (1997). *Pasteur's Quadrant: Basic Science and Technological Innovation.* Brookings Institution Press.

Tagliapietra, S., & Veugelers, R. (Éds.). (2023). *Sparking Europe's New Industrial Revolution: A Policy for Net Zero, Growth and Resilience*. Bruegel.

Tappeiner, G., Hauser, C., & Walde, J. (2008). Regional knowledge spillovers: Fact or artifact? *Research Policy*, 37(5), 861-874.

Tijssen, R. J. W., & van Wijk, E. (1999). In search of the European Paradox: An international comparison of Europe's scientific performance and knowledge flows in information and communication technologies research. *Research Policy*, 28(5), 519-543.

Tijssen, R. J. W., Visser, M. S., & van Leeuwen, T. N. (2002). Benchmarking international scientific excellence: Are highly cited research papers an appropriate frame of reference? *Scientometrics*, 54(3), 381-397.

Tóthné Kiss, A. (2020). Experiences of innovation projects in the light of the 'European Paradox'. http://hdl.handle.net/2437/295100

Tussen, R. J. W., Buter, R. K., & Van Leeuwen, Th. N. (2000). Technological relevance of science: An assessment of citation linkages between patents and research papers. *Scientometrics*, 47(2), 389-412.

Van Raan, A. F. J. (2017). Patent citations analysis and its value in research evaluation: A review and a new approach to map technology-relevant research. *Journal of Data and Information Science*, 2(1), 13-50.

van Leeuwen, T. N. (2003). The Holy Grail of science policy: Exploring and combining bibliometric tools in search of scientific excellence. *Scientometrics*, 57(2), 257-280.

van der Wende, M. (2009). European responses to global competitiveness in higher education. https://escholarship.org/uc/item/718832p2

Whitley, R. (2016). Varieties of scientific knowledge and their contributions to dealing with policy problems: A response to Richard Nelson's 'The sciences are different and the differences matter'. Research Policy, 45(9), 1702-1707.

Wolfe, D. A., & Gertler, M. S. (2004). Clusters from the inside and out: Local dynamics and global linkages. *Urban Studies*, 41(5-6), 1071-1093.

Zhao, M., & Islam, M. (2017). Cross-regional R&D collaboration and local knowledge spillover. In *Geography Location and Strategy*, J. Alcácer, B. Kogut, C. Thomas, & B. Y. Yeung (éd.), *Advances in Strategic Management* (Vol. 36, p. 343-385). Emerald Publishing Limited.

En plus

Annexes

I
ANNEXE

Part mondiale des pays lors des principales étapes du processus d'innovation

II
ANNEXE

Méthodologie

Retrouvez l'ensemble
des annexes mentionnées dans
le livre à partir de ce QR Code

I
ANNEXE

Part mondiale des pays lors des principales étapes du processus d'innovation

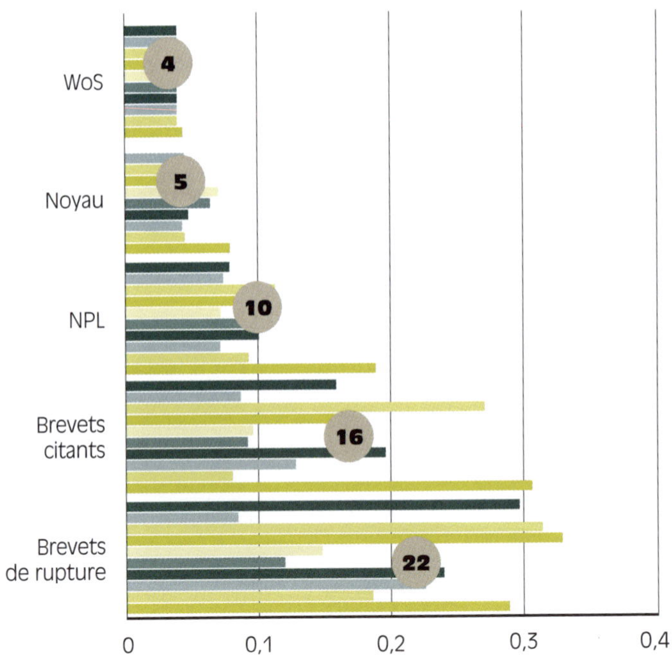

JAPON

CORÉE

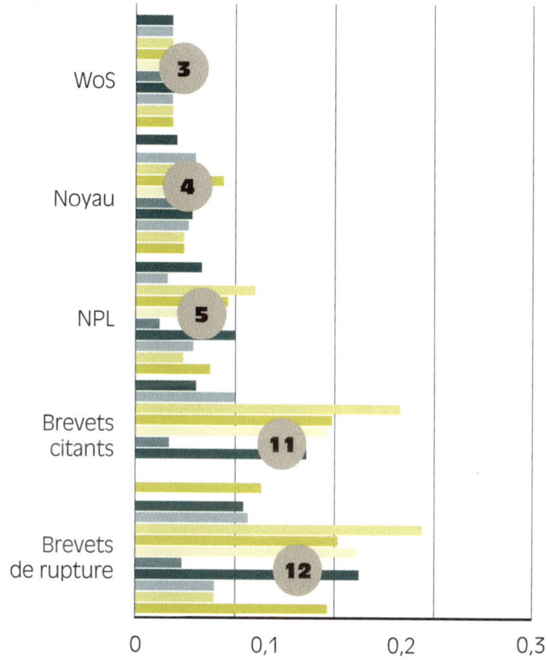

ÉTATS-UNIS

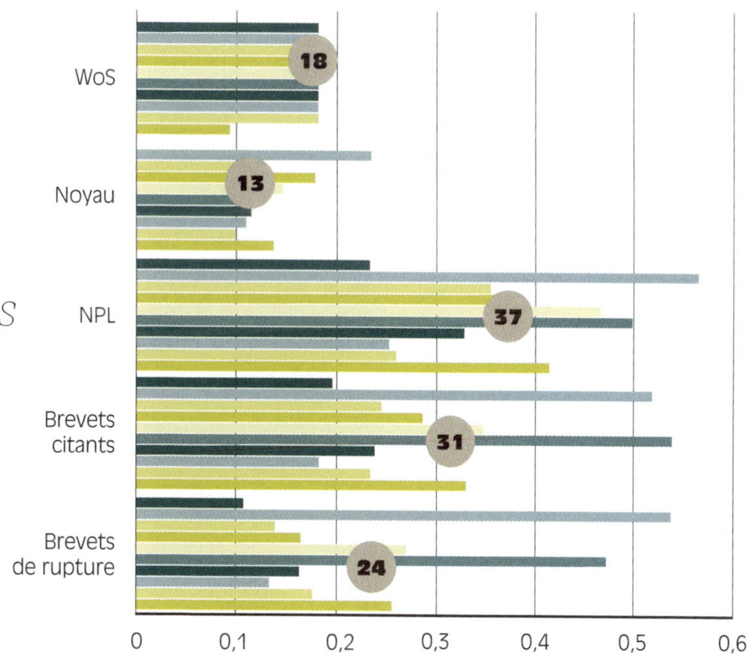

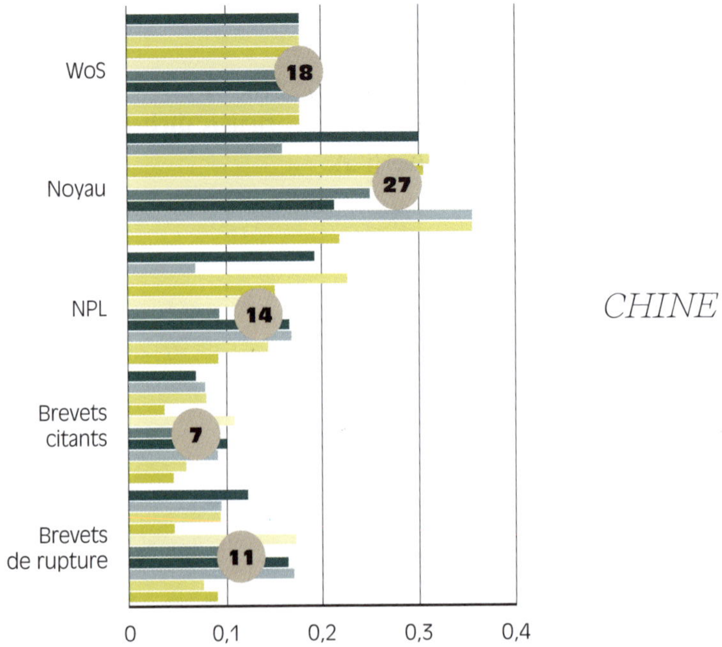
WoS
Noyau
NPL
Brevets
citants
Brevets
de rupture
18
27
14
7
11
0
0,1
0,2
0,3
0,4
CHINE

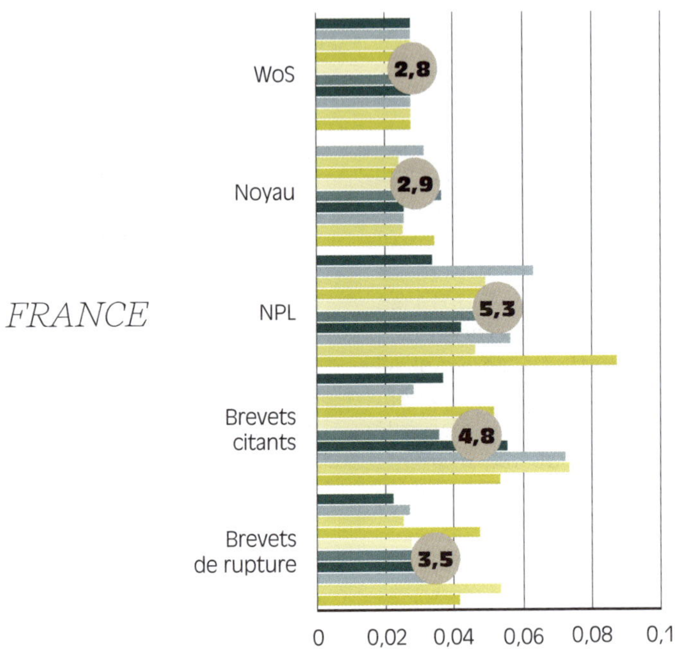
FRANCE
WoS
Noyau
NPL
Brevets
citants
Brevets
de rupture
2,8
2,9
5,3
4,8
3,5
0
0,02
0,04
0,06
0,08
0,1

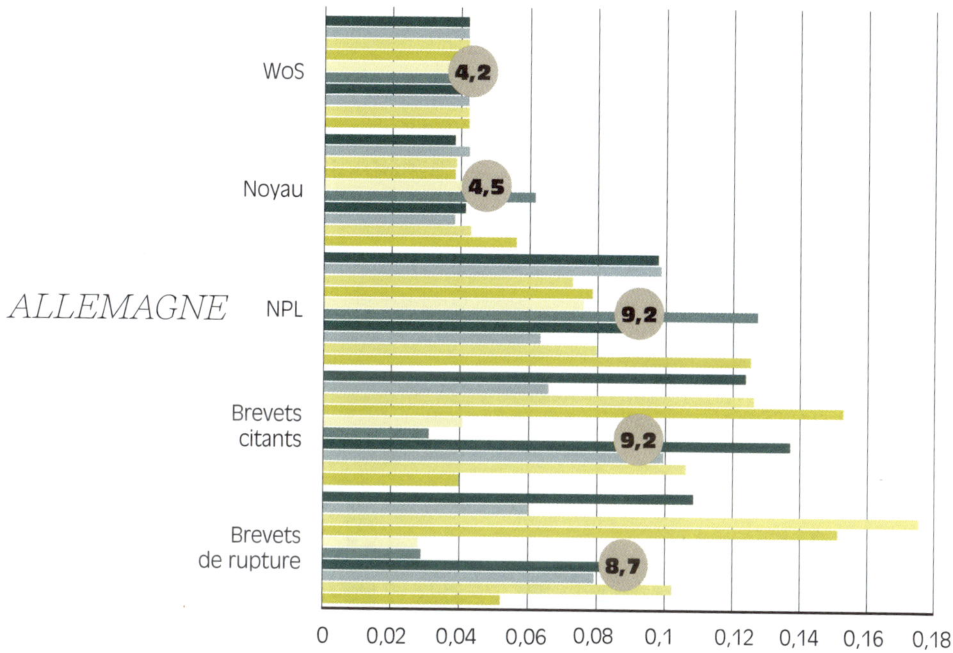
ALLEMAGNE
WoS
4,2
Noyau
4,5
NPL
9,2
Brevets citants
9,2
Brevets de rupture
8,7
0
0,02
0,04
0,06
0,08
0,1
0,12
0,14
0,16
0,18

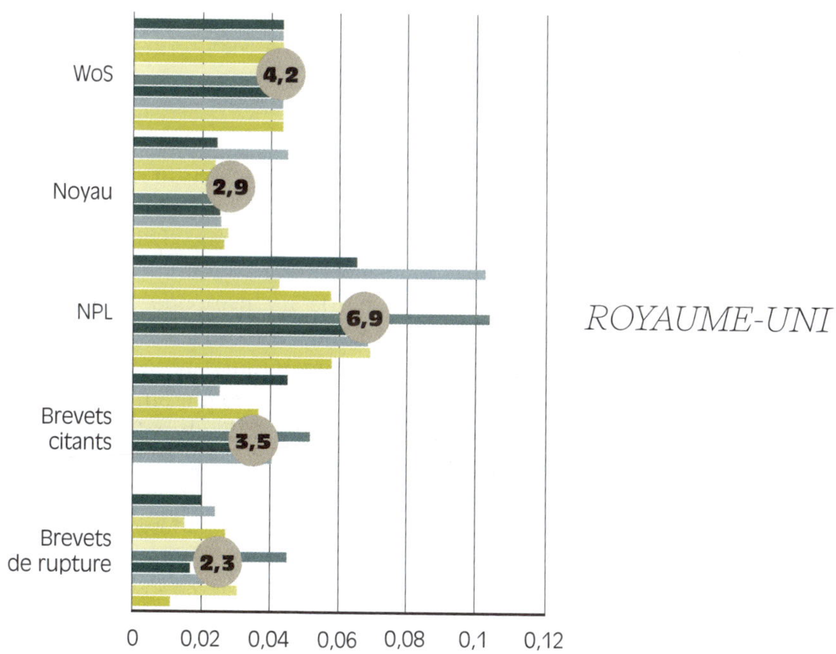
WoS
4,2
Noyau
2,9
NPL
6,9
Brevets citants
3,5
Brevets de rupture
2,3
0
0,02
0,04
0,06
0,08
0,1
0,12
ROYAUME-UNI

Méthodologie

II
ANNEXE

DONNÉES DES BREVETS

Les données de brevets exploitées dans cet ouvrage ont été fournies par l'Observatoire des sciences et des techniques. La base de données de « brevets » de l'OST est construite à partir de Patstat, une base créée par l'Office européen des brevets (OEB) avec l'assistance de l'OCDE entre autres. L'OST enrichit par ailleurs ces données, notamment à l'aide de la base Regpat de l'OCDE et de l'office américain des brevets (USPTO).

L'OEB met à jour et diffuse l'intégralité de la base Patstat deux fois par an, en avril et octobre. Les informations mises à profit dans cette étude s'appuient sur la version de Patstat du printemps 2024, et prennent en compte toutes les demandes de brevets publiées jusqu'en février 2024. Ce sont les données de la base Patstat qui servent à l'analyse sur les délivrances de brevets et sur les extensions.

Patstat contient les enregistrements des dépôts de brevets après publication de la demande, soit dix-huit mois après la date du premier dépôt. Elle couvre plus de 80 offices de brevets nationaux et régionaux à travers le monde. Dans la version du printemps 2024 utilisée, l'année 2021 est légèrement incomplète.

Les indicateurs se réfèrent à la date de priorité (la plus ancienne) des demandes de brevets de la famille et à l'adresse des déposants.

Une famille de brevets est composée d'un ou plusieurs brevets individuels, copies conformes du ou des brevets prioritaires et déposés dans différents offices nationaux. Seules les familles disposant de brevets étendus dans au moins deux offices, ainsi que celles ayant un seul membre déposé à l'Office européen des brevets (OEB) ou à l'Organisation mondiale de la propriété intellectuelle (OMPI), sont incluses dans le calcul des indicateurs. On les désigne par le terme de « familles internationales ». L'idée sous-jacente est d'écarter de l'échantillon les brevets purement défensifs portant sur un marché unique, pour ne retenir que les technologies que les déposants espèrent promouvoir à l'export.

La plupart des indicateurs exploitent des comptes de présence pour dénombrer les pays déposants : dès qu'un pays déposant est présent dans une famille de brevets, il est crédité d'une participation unitaire à cette famille. Le compte entier renvoie à une logique de participation d'une entité ou d'un pays à l'activité inventive.

La part d'un pays dans l'ensemble des demandes de brevets, assimilée à une part mondiale, est le ratio du nombre de familles de brevets du pays rapporté au nombre total de familles de brevets.

REPÉRAGE DES BREVETS ASSOCIÉS AUX DOUZE INNOVATIONS DE RUPTURE DE L'ÉCHANTILLON

Pour chacune des douze innovations de rupture de l'échantillon, les familles de brevets ont d'abord été repérées sur la base de leurs codes CPC (Cooperative patent classification, ou Classification coopérative des brevets). Chaque demande de brevet est en effet rattachée à un ou plusieurs domaines technologiques, définis par les experts des offices de brevets et structurés au sein d'une classification arborescente incluant des sections, des classes, des sous-classes, des groupes, et des sous-groupes. Cette classification représente ainsi une arborescence très fine, qui atteint aujourd'hui plus de 250 000 catégories.

À noter : une nouvelle sous-classe Y02 a été créée pour identifier les technologies et applications d'atténuation ou d'adaptation au changement climatique. Cela a aidé au repérage des familles de brevets correspondant aux innovations de rupture en lien avec la transition écologique (éolien en mer, par exemple).

Dans tous les cas, le corpus a été défini d'une manière stricte : les familles de brevets sont sélectionnées si au moins l'un de leurs membres est désigné par le code du domaine en question. Afin de repérer les technologies prometteuses, des mots-clés signalés par La Fabrique de l'industrie ont ensuite été recherchés à l'intérieur du corpus ainsi défini.

DONNÉES DE LA LITTÉRATURE HORS BREVETS (« NON-PATENT LITERATURE » OU NPL)

La base Reliance on Science (ROS) fournit des données à grande échelle, avec plus de 40 millions de citations de brevets vers des publications scientifiques (Marx et Fuegi, 2022).

Les publications scientifiques citées sont repérées via les informations de la base Microsoft Academics Graph

- désormais OpenAlex[46]. L'actualisation des données de la base ROS utilisée pour ce travail date de juin 2024.

L'analyse développée dans cet ouvrage s'appuie également sur des données issues de la base «publications» de l'OST. Celle-ci se fonde sur le Web of Science (WoS) de Clarivate Analytics, et sur des données complémentaires relatives au repérage des institutions dans les adresses d'affiliation.

La base WoS recense les articles scientifiques et les actes de conférence qui répondent à une série de critères en matière de qualité éditoriale (comme l'évaluation par les pairs) et en matière d'influence académique mondiale. Elle a une bonne couverture pour les disciplines internationalisées et une moins bonne dans certaines disciplines appliquées et dans les disciplines à forte tradition nationale. Cependant, la couverture de la base évolue, et de nouvelles revues y sont intégrées chaque année, selon le processus de sélection mis en place par Clarivate Analytics.

La base OST a été actualisée en 2023 et regroupe les publications issues des index SCI-Science Citation Index Expanded, SSCI-Social Sciences Citation Index, A&HCI-Arts & Humanities Citation Index, CPCI-Conference Proceedings Citation Index (S et SSH) et ESCI-Emerging Sources Citation Index. Ce dernier comporte une part plus grande de supports des disciplines SHS ou non anglophones. Les données et analyses contenues dans cet ouvrage s'appuient sur l'actualisation numéro 20, qui prend en compte l'index ESCI.

COMPTE ENTIER ET COMPTE FRACTIONNAIRE

Produite par des chercheurs de laboratoires différents, une publication scientifique peut présenter plusieurs lignes d'adresse, renvoyant à autant d'affiliations différentes. De même, les publications sont souvent associées à plusieurs spécialités scientifiques. Deux types de décompte peuvent alors être adoptés (Leydesdorff et Park, 2016; Perianes-Rodríguez *et al., 2016).*

Le compte entier, ou compte de présence, consiste à créditer d'une publication chacune des entités signataires. De même, si la publication est indexée dans deux domaines de recherche, elle comptera pour 1 dans chacun des domaines. Le compte entier reflète la participation d'une entité à la publication ou encore la présence de la publication dans un domaine de recherche.

46— La base OpenAlex, de la société à but non lucratif OurResearch, a vu le jour en 2022. Elle s'est appuyée dans un premier temps sur les données de Microsoft Academics Graph (MAG), une base en libre accès de notices de publications qui a cessé d'être maintenue à la fin de l'année 2021. La vocation de ce nouveau service est de développer des outils open-source en accès gratuit. Elle recense à ce jour plus de 250 millions de documents de natures diverses et de toutes disciplines scientifiques.

Dans la mesure où chaque publication est comptée autant de fois qu'il y a de signataires, le compte entier n'est pas additif. Il ne permet donc pas de produire des parts ou pourcentages au sens habituel donné à ces indicateurs.

Le compte fractionnaire, à l'inverse, reflète une logique de contribution à la publication scientifique. Une fraction de la publication est attribuée à chaque entité signataire de manière à conserver une somme unitaire. Du point de vue thématique, la publication est fractionnée au prorata du nombre de disciplines auxquelles est affectée la revue de la publication dans la base. Le fractionnement total combine les deux fractions établies précédemment pour tenir compte à la fois des acteurs et des disciplines scientifiques.

Le compte fractionnaire est additif à toutes les échelles et pour tous les niveaux de nomenclature. C'est pourquoi il est utilisé pour calculer des parts de publications au sein d'ensembles géographiques et pour comparer des pays ou institutions.

CLASSIFICATION DES PUBLICATIONS SCIENTIFIQUES PAR DOMAINE DE RECHERCHE

Le WoS fournit une nomenclature détaillée de 254 catégories scientifiques, qui sert de base pour la normalisation des indicateurs utilisés dans cette étude.

Une correspondance est ensuite établie entre ces 254 catégories du WoS et les 27 panels du Conseil européen de la recherche (ERC). L'OST veille, par un travail de reclassification[47], à ce que l'affectation de chaque publication corresponde à la spécialité majoritaire de ses références bibliographiques (Milojević, 2020 ; Lahatte et de Turckheim, forthcoming). Ainsi, les publications n'ont qu'une seule spécialité, plus précisément chaque publication dispose d'un unique panel de recherche ERC. La nomenclature ERC est organisée en trois grands domaines scientifiques : Sciences de la vie (LS), Sciences physiques et ingénierie (PE), Sciences humaines et sociales (SH). La liste des panels ERC est donnée ci-dessous.

47— Les 254 spécialités disciplinaires du WoS sont attribuées aux revues, lesquelles sont ensuite associées aux publications. Cette classification engendre certains problèmes de multi-affectation des documents aux spécialités, puis aux disciplines (comme les panel ERC, par exemple), ce qui imposent des comptages en compte fractionnaires disciplinaires dans les études. Pour remédier à cet écueil de la nomenclature WoS, l'OST procède à un travail minutieux de reclassement afin que chaque document ne soit relié qu'à une seule spécialité. Ainsi, des articles d'une même revue peuvent être classés dans des spécialités différentes (Lahatte et de Turckheim, forthcoming).

fig. **I**

Panels ERC, par domaine et sous-domaine

Domaine ERC	Sous-domaine ERC
LS *SCIENCES DE LA VIE*	**LS1** – Biomolécules : mécanismes biologiques, structures et fonctions
	LS2 – Biologie intégrative : des gènes et génomes aux systèmes
	LS3 – Biologie cellulaire, du développement et régénérative
	LS4 – Physiologie, physiopathologie et physiologie du vieillissement
	LS5 – Neurosciences et troubles du système nerveux
	LS6 – Immunité, infection et immunothérapie
	LS7 – Prévention, diagnostic et traitement des maladies humaines
	LS8 – Biologie environnementale, écologie et évolution
	LS9 – Biotechnologie et ingénierie des biosystèmes
PE *SCIENCES PHYSIQUES ET INGÉNIERIE*	**PE1** – Mathématiques
	PE2 – Constituants fondamentaux de la matière
	PE3 – Physique de la matière condensée
	PE4 – Chimie physique et analytique
	PE5 – Chimie de synthèse et matériaux
	PE6 – Informatique et systèmes d'information
	PE7 – Ingénierie des systèmes et de la communication
	PE8 – Ingénierie des produits et des procédés
	PE9 – Sciences de l'Univers
	PE10 – Sciences de la Terre
	PE11 – Génie des matériaux
SH *SCIENCES HUMAINES ET SOCIALES*	**SH1** – Individus, marchés et organisations
	SH2 – Institutions, gouvernance et systèmes juridiques
	SH3 – Le monde social et sa diversité
	SH4 – L'esprit humain et sa complexité
	SH5 – Cultures et production culturelle
	SH6 – L'étude du passé humain
	SH7 – Mobilité humaine, environnement et espace

DÉFINITION DES INDICATEURS BIBLIOMÉTRIQUES

Le calcul des indicateurs ne retient que les types de documents « articles », « reviews », « proceedings papers » - donc, par exemple, pas les types « letters » ou « billet de blog ». Les documents pour lesquels il manque une partie des informations (catégories du WoS, pays...) ainsi que les publications rétractées ne sont pas pris en compte.

Nombre de publications

Le nombre de publications est calculé pour un pays donné, à un niveau de la nomenclature donné et pour une période donnée. Cet indicateur est dépendant de la taille de l'acteur considéré, pays ou institution par exemple.

Part de publications

Pour un pays (i), la part de publications dans un domaine de recherche (P_D) est définie par son nombre de publications (y) rapporté au nombre de publications parues dans le monde (Y) dans le même domaine de recherche (D). Cet indicateur représente le poids du pays dans le total mondial. On écrit :

$$P_{iD} = \frac{y_{iD}}{Y_D}$$

Pour un domaine de recherche (D), au niveau mondial, la part dans les publications est définie par le nombre de publications de la discipline (Y_D) rapporté au nombre total de publications du monde (Y). On écrit :

$$P_D = \frac{Y_D}{Y}$$

Indice de spécialisation

L'indice de spécialisation scientifique en référence mondiale rapporte la part d'un sous-domaine dans le total des publications d'un pays (),

à $\frac{y_{iD}}{y_i}$ ce même ratio

pour le monde ($\frac{y_{iD}}{y_i}$).

Du fait de la normalisation, la valeur neutre de l'indice de spécialisation est 1. Lorsque l'indice est supérieur à 1, le pays est spécialisé dans le sous-domaine par rapport au périmètre de référence. Symétriquement, il est non spécialisé pour les sous-domaines dans lesquels son indice est inférieur à 1.

$$Sp_{iD} = \frac{\frac{y_{iD}}{y_i}}{\frac{Y_D}{Y}}$$

Indicateurs d'impact

Les indicateurs d'impact reposent sur les références faites par les articles scientifiques à d'autres publications. On mobilise ici deux indicateurs relatifs aux publications les plus citées, à savoir : le nombre moyen de citations des publications par décile et le nombre de publications figurant dans le top 1% des plus citées dans le monde.

Classes de citation

Les classes de citations constituent une nomenclature des publications scientifiques selon l'intensité avec laquelle elles sont citées. Elles correspondent à des découpages de l'ensemble des publications en percentiles (ou déciles) décroissants en fonction du nombre de citations reçues au niveau mondial pour une fenêtre de citation donnée. La construction des classes est effectuée par domaine de recherche. Le centile des publications les plus citées au monde, par exemple, se rapporte aux 1% des publications ayant reçu le plus de citations (van Leeuwen *et al. 2003;* Tijssen *et al. 2002).*

Les matrices de citations

Les matrices de citations mettent en regard, d'une part, les 9 premiers pays déposant des brevets[48], complétés d'un sous-total couvrant le reste du monde («RoW») et, d'autre part, les 9 premiers pays publiant des articles scientifiques, là encore complétés du reste du monde. Ces matrices comptabilisent les liens de citation entre brevets et articles : chaque case indique le nombre de fois où des articles du pays X ont été cités par des brevets du pays Y.

48— Dans les matrices du noyau, nous avons privilégié la présentation déposants citants, les déposants qui ne sont pas reportés dans la liste des déposants citants sont ceux qui ont peu de liens de citations. Cette discordance entre des deux listes est circonscrite à 12 pays dans 8 domaines technologiques (l'Autriche et la Suède dans les batteries, l'Autriche et l'Italie dans l'acier bas carbone, la Corée du Sud dans le recyclage de métaux, l'Italie dans le photovoltaïque, la Corée du Sud dans le recyclage de plastique, la Finlande dans l'ordinateur quantique, le Canada et la Chine dans les carburants durables et, enfin, la Corée du Sud et les Pays-Bas dans l'éolien en mer). La plupart de ces pays sont en queue de peloton des grands pays déposants de brevets, ce qui n'implique pas d'incidence sur les enseignements tirés.

À lire

Déjà parus

Sur la même thématique,
dans les collections
de La Fabrique,
aux Presses des Mines

C. Granier, *Industrie et start-up : des destins liés ?*, Les Docs de La Fabrique, 2021.

J.Piet et M. Revol, *Rachat des start-up : des racines françaises, des ailes étrangères*, Les Docs de La Fabrique, 2021.

C. Lucas et P. Marion, *Recherche et innovation : comment rapprocher sphères publique et privée ?*, Les Docs de La Fabrique, 2022.

P. Larrue, *Répondre aux défis sociétaux : le retour en grâce des politiques « orientées mission » ?*, Les Docs de La Fabrique, 2023.

S. Bellit et V. Charlet, *L'innovation de rupture, terrain de jeu exclusif des start-up ? L'industrie française face aux technologies-clés*, Les Notes de La Fabrique, 2023.

Récemment parus,
dans la collection
des Notes de La Fabrique,
aux Presses des Mines

F. Ferchaud, A. Blein, J. Idt, D. Lecointre, F. Trautmann, H. Beraud, *Aménager la ville productive*, 2024.

P. Bocquet et F. Pellerin, *Organisation responsabilisante : de l'idée à la réalisation*, 2024.

D. Lolo, *L'industrie est-elle plus verte ailleurs ? La France face à l'Allemagne*, 2024.

Les membres du Conseil d'orientation

*La Fabrique de l'industrie
est dotée d'un Conseil d'orientation,
organe consultatif, qui veille*

—

**à la qualité scientifique,
des travaux menés,**

—

**et à la diversité et à l'équilibre
des points de vue.**

*Les membres du Conseil
y participent à titre personnel
et n'engagent pas
les entreprises ou institutions
auxquels ils appartiennent.
Leur participation n'implique pas
adhésion à l'ensemble des messages,
résultats ou conclusions, portés
par La Fabrique de l'industrie.*

Composition du Conseil au 1er janvier 2025

Gabriel ARTERO, président d'honneur de la Fédération de la métallurgie CFE-CGC,

Vincent AUSSILLOUX, économiste à la Commission européenne

Hervé BAUDUIN, ancien président de l'UIMM Lorraine,

Michel BERRY, fondateur et directeur de l'école de Paris du management,

Jean Michel BEZAT, journaliste au quotidien *Le Monde*,

Augustin BOURGUIGNAT, chargé de mission au Crédit Mutuel Alliance Fédérale,

Serge CATOIRE, directeur industrie à l'UIMM,

Pierre-André de CHALENDAR, ancien président du groupe Saint-Gobain, co-président de La Fabrique de l'industrie,

Marc CHEVALLIER, rédacteur en chef d'*Alternatives Économiques*,

Carole CHRÉTIEN, présidente du conseil scientifique de l'Institut Enterritoires,

Patricia CRIFO, professeure à l'École Polytechnique et chercheuse au CREST (CNRS),

Jean-Marie DANJOU, directeur général de l'Alliance Industrie du Futur (AIF),

Philippe DARMAYAN, ancien président d'ArcelorMittal France,

Stéphane DISTINGUIN, fondateur et président de Fabernovel, président du pôle de compétitivité Cap Digital,

Flora DONSIMONI, directrice générale de l'Institut de l'Entreprise,

Elizabeth DUCOTTET, PDG de Thuasne,

Pierre DUQUESNE, ancien ambassadeur, chargé de la coordination du soutien international au Liban,

Olivier FAVEREAU, professeur émérite en sciences économiques à l'université Paris X,

Jean-Pierre FINE, secrétaire général de l'UIMM,

Louis GALLOIS, ancien président du conseil de surveillance de PSA Groupe, co-président de La Fabrique de l'industrie,

François GEEROLF, économiste à l'OFCE et professeur d'économie à Sciences Po,

Frédéric GONAND, conseiller économique de l'UIMM, professeur associé de sciences économiques à l'université Paris-Dauphine,

Guillaume de GOYS, président d'Aluminium France,

Bruno JACQUEMIN, délégué général d'A3M,

Sébastien JEAN, professeur au Conservatoire national des arts et métiers (CNAM),

Éric KELLER, secrétaire fédéral de la fédération FO Métaux,

Élisabeth KLEIN, dirigeante de CFT Industrie,

Dorothée KOHLER, directeur général de KOHLER C&C,

Éric LABAYE, président d'IDEL Partners,

Isabelle LAUDIER, responsable de l'Institut pour la recherche de la Caisse des Dépôts

Emmanuel LECHYPRE, éditorialiste à BFM TV et BFM Business,

Xavier LECOQ, président du syndicat CFE-CGC sidérurgie,

Olivier LLUANSI, professeur au CNAM,

Victoire de MARGERIE, président exécutif de Rondol,

Philippe MUTRICY, directeur de l'évaluation, des études et de la prospective de Bpifrance,

Hélène PESKINE, directrice générale adjointe au Cerema,

Nicolas PORTIER, enseignant à Sciences Po Paris,

Grégoire POSTEL-VINAY, ancien directeur de la stratégie à la Direction générale des entreprises, et rédacteur en chef des Annales des Mines,

Joseph PUZO, président d'AXON'CABLE SAS et du pôle de compétitivité Matéralia,

Xavier RAGOT, président de l'OFCE,

Olivier REDOULES, directeur des études de Rexecode,

Daniel RICHET, directeur général du CETIM,

Robin RIVATON, investment director – Venture Smart City chez Eurazeo,

Alexandra ROULET, professeure d'économie à l'Insead,

Frédéric SAINT-GEOURS, vice-président du conseil d'administration de la SNCF,

Ulrike STEINHORST, présidente de Nuria Conseil,

Michaël VALENTIN, associé fondateur d'OPEO,

Pierre VELTZ, ancien PDG de l'établissement public de Paris-Saclay,

Alain VERNA, directeur général de Toshiba Tec Europe,

Dominique VERNAY, président du pôle industrie de l'Académie des technologies,

Jean-Marc VITTORI, éditorialiste au quotidien *Les Echos*.

Pour une édition
plus responsable

La Fabrique de l'industrie
a choisi de travailler avec :

Un imprimeur engagé

Ce livre est imprimé en France par l'imprimerie Chirat. Labellisée Imprim'vert, cette entreprise s'engage à réduire son impact environnemental en contrôlant sa consommation d'eau, en valorisant ses déchets, en utilisant des additifs respectueux de l'environnement et des produits moins nocifs pour la santé des travailleurs. Ce livre est ainsi imprimé avec des encres végétales sur du papier issu de forêts gérées durablement.

IMPRIM'VERT
Votre imprimeur agit pour l'environnement

PEFC
10-31-1895

Des fonderies françaises

Les typographies utilisées dans ce livre ont été créées par des fonderies françaises, Double Zero et Fonderie Olive, pour que le travail des typographes, qui donnent du caractère aux lettres, perdure.